北方农业面源污染监测与防控技术手册

杜连凤　孙钦平　李顺江　肖　强　主编

中国农业出版社
北　京

图书在版编目（CIP）数据

北方农业面源污染监测与防控技术手册/杜连凤等主编. —北京：中国农业出版社，2022.6
ISBN 978-7-109-29751-7

Ⅰ.①北… Ⅱ.①杜… Ⅲ.①农业污染源–面源污染–污染防治–技术手册②农业污染源–面源污染–污染源监测–技术手册 Ⅳ.①X501-62

中国版本图书馆CIP数据核字（2022）第130396号

中国农业出版社出版
地址：北京市朝阳区麦子店街18号楼
邮编：100125
责任编辑：魏兆猛　　文字编辑：张田萌
版式设计：王　晨　　责任校对：周丽芳　　责任印制：王　宏
印刷：中农印务有限公司
版次：2022年6月第1版
印次：2022年6月北京第1次印刷
发行：新华书店北京发行所
开本：880mm × 1230mm　1/32
印张：5.25
字数：140千字
定价：48.00元

编委会 BIANWEIHUI

前言
PREFACE

在农业生产快速发展、农产品供给日益丰富的同时，农业资源环境受到一定的影响。过去30年，为满足我国人口增长和生活质量提升对各类农产品的需求，我国化肥、农药和地膜的投入量增加了2～4倍，高投入与低利用率并存。我国三大粮食作物化肥利用率平均为40.2%，比欧美发达国家低10～20个百分点。我国农田土壤农膜残留量高达118万t，农膜回收率低于60%。养殖业总氮和总磷排放量在农业中占比分别为42.1%和56.5%。这都显示出，面源污染风险仍是我国目前面临的突出环境问题，打好农业面源污染治理攻坚战，提升农业绿色发展水平，是我国今后一段时期面临的重大挑战。

为加强农业面源污染治理，农业农村部启动实施了农业绿色发展五大行动以及区域生态循环农业项目等措施，推动形成了一系列的面源污染防控技术和模式。北京市农林科学院作为代表性单位之一，着眼北方农业面源污染发生特点和规律，开展了多年的研究，为北方农业面源污染防控技术及模式的构建做出了贡献，为了更好地传播和交流，我们在分类总结的基础上将其编著成册。

本书编者均来自北京市农林科学院植物营养与资源环境研究所，从“十一五”开始在国家科技支撑计划和重点研发计划等项目的支持下，我们一直承担农业面源污染防控技术及产品等方面的研究工作，在面源污染认识和防控技术上有了一些新突破。编者认为技术的总结与梳理可以为以后的研究和防控工作提供有益的帮助。

全书共分五章，第一章主要介绍目前团队已有的农业面源污染监测技术，第二章至第五章分别介绍粮田、果蔬、种养结合等面源污染防控技术及模式。书中技术介绍言简意赅、图文并茂、实操性强，为使技术可学习、可复制，每个技术介绍中都附有使用效果、实施案例，方便读者理解和应用。另外需特别说明的是，北京市农林科学院植物营养与资源环境研究所并不是所有技术的唯一承担单位，在此感谢国内外相关单位长期以来在技术研究方面的合作、支持和帮助。

由于水平所限，加之时间仓促，书中疏漏之处难免，敬请读者不吝赐教，以便进行完善。

编　者

2021年9月

目录

前言

第一章 农业面源污染监测技术

第二章 粮田农业面源污染防控技术

第三章 果蔬农田农业面源污染防控技术

第四章

养殖及种养结合农业面源污染防控技术

第五章 其他技术

第一章 农业面源污染监测技术

一、农田土壤氮、磷养分淋失原位监测技术

1. 技术简介

在长期农业生产条件下，由于大量施肥造成氮、磷等养分在土壤中累积，在降水及灌水的影响下，土壤中溶解性物质会随着土壤水流动迁移至土壤深处，不能被作物根系吸收利用，最终进入地下水，对土壤环境质量和地下水水质安全会造成一定影响。农田土壤氮、磷养分淋失原位监测技术利用地下淋失原位监测，通过测算监测土体淋失的溶解性物质通量，评价大尺度农业土壤中地下淋失的溶解性物质总量，为农业面源污染防控和农业环境保护提供技术数据支撑。

2. 技术要点

（1）监测农田土体深度距地表90cm。

（2）监测农田土体距离地表30 ~ 90cm范围内用柔性集液膜与农田土体隔离，建立密闭的监测环境。

（3）用集液桶收集淋失液，集液桶上铺有过滤砂层，过滤土壤中难溶物质。

（4）抽液管和通气管延伸至田块地头，且埋深在距地表35cm左右，不影响正常耕作。

（5）淋失液样品在每次降水或灌水后，及时采集并用保鲜箱

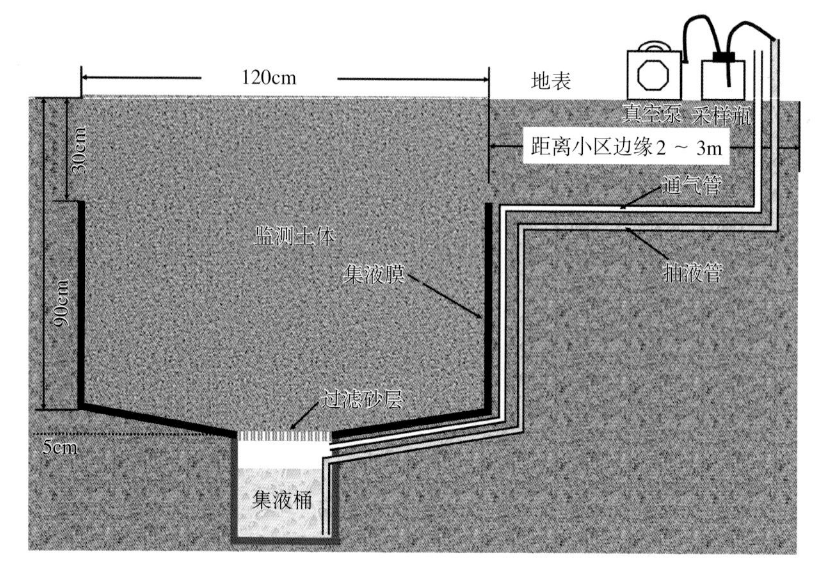

氮磷地下淋失原位监测装置示意图

送至化验室。

3. 功能与效果

农田土壤氮、磷养分淋失原位监测技术在技术层面最大限度地保证和实现了土层原状土壤溶解性物质淋失行为监测，在农田地块实现原位淋失数据获取。本技术设计相关装置安装在农田地表下，不占用农田地块面积，对土体扰动小，不影响农田正常生产耕作活动，农民和种植户易接受；同时，具有易学习、操作方便等特点。

4. 适用条件或范围

农田土壤氮、磷养分淋失原位监测技术适用于地下水位在90cm以下的土壤，可用于国内外科研院所和大学开展土壤中溶解性物质淋失量监测及其影响因子（耕作、施肥、降水、灌水等）对农业面源污染贡献率等研究活动。

5. 实施案例

在北京市延庆、大兴等区开展菜田土壤氮、磷养分地下淋失监测研究工作。研究表明，灌溉和降水量是淋失发生的主要影响因素，肥料氮施用量是影响氮淋失量的主要因子。通过科学优化施肥技术措施，可实现减少土壤氮、磷养分淋失15%～40%。

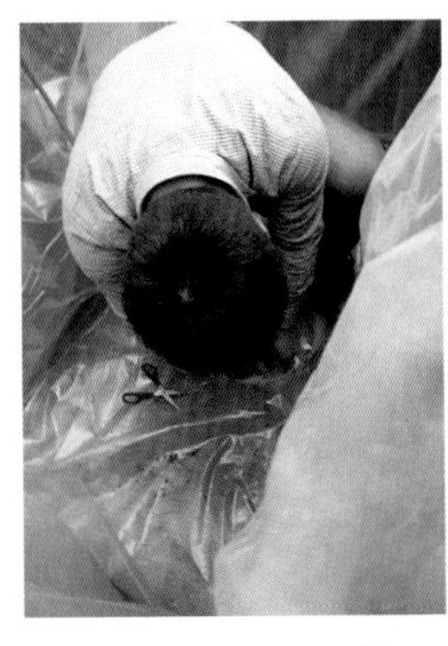
安装淋失原位监测装置

开展淋失原位监测试验研究

6. 联系人

马茂亭，康凌云，李顺江。

二、农田地膜残留监测技术

1. 技术简介

地膜覆盖技术自20世纪90年代在我国试验应用并推广以来，由于其具有显著的保温保墒作用，已成为我国从南到北、从东到西农业增产的一项重要技术。随着地膜的广泛使用和使用年限的增长，农田地膜累积残留破坏土壤结构，降低土壤养分含量，影响作物生长发育，造成白色污染，危害性逐渐凸显。采用耕层体积监测法，开展典型区域、代表性作物农田地膜残留监测，摸清地膜残留污染底数，掌握地膜残留污染动态变化趋势，为地膜残留污染治理提供科学数据支撑，为我国耕地质量保护夯实基础，对于我国粮食安全具有重大意义。

2. 技术要点

（1）监测点布设原则。

监测地块选择：综合考虑主要覆膜区域、典型覆膜作物、代表性种植制度及覆膜年限、覆膜种类、有无回收、回收方式等。

采集样点设置：主要考虑布点均匀、样地平坦，尽量避开池塘、沟渠等，远离天路、公路等。

覆膜作物种类：主要包括玉米、水稻、马铃薯等粮食作物，花生、向日葵、棉花、烟草、甘蔗、甜菜、中药材等经济作物，以及露地蔬菜、保护地蔬菜、瓜果等三类。

（2）采样点布设方法。

样点数量：每个监测点布设5个样点，每个样点距离不少于15m。

布设方法：根据地块大小和形状，可选用对角线法、梅花点法、蛇形法等。

（3）采样时间频次。

采样时间：一般在作物收获后或第二茬作物播种前进行采样。每年采样时间尽量保持一致，即考虑到当季地膜回收与不回收的情况，无论作物收获后或

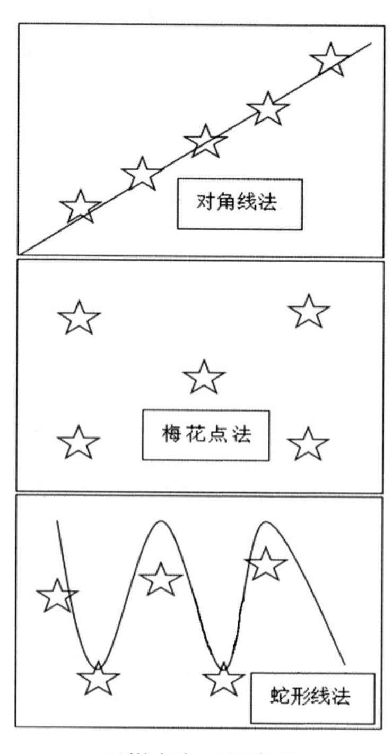

采样点布设示意图

第二茬作物播种前采样，每年都要保持一致。

采样频次：一般一年一次。

（4）监测点信息采集。

地块信息：主要包括监测点经纬度、作物名称、种植类型、种植面积及农户姓名、联系方式等。

地膜信息：主要包括覆膜面积、地膜用量、覆膜年限、覆膜方式、地膜厚度、地膜宽度、使用周期、回收方式、回收量等。

（5）样品采集。

工具准备：在采样前认真解读监测方案，充分准备监测工具，包括GPS、20目筛、卷尺或钢尺、铁锹等。

样点确定：GPS定位，用卷尺量出一个1m×1m的正方形；从正方形中心沿着四边从表层挖土，逐渐向四边扩展，边挖边量深度，深挖到30cm，形成一个边长1m、深度30cm的正方体样方。

地膜取样：将从正方体样方挖出的土壤样品放在帆布上，用20目筛子筛土，边筛土边捡出肉眼可见的残留地膜，放入塑料自封袋，并在自封袋内外都放置样品标签，采样结束后土壤回填。

（6）地膜称重。将每个监测点的5个样点采集的农田残留地膜在实验室用万分之一天平进行称量，取平均值作为本监测点样方地膜残留量，换算到每亩*残留量。

3. 功能与效果

（1）通过开展农田地膜残留监测，可实时掌握保护地、露地等农田地膜残留，为农田地膜污染治理提供基础信息。

（2）通过多年连续开展农田地膜残留监测，可以测算出多年农田地膜累积残留量和当季农田地膜残留量，评价当季农田地膜回收情况或当季地膜残留率。

---

* 亩为非法定计量单位，1亩 = 1/15hm^2。——编者注

4. 适用条件或范围

农田地膜残留监测适用于各类覆膜的保护地和露地等。

5. 实施案例

2020年7—11月，在北京市布点开展保护地瓜果、保护地蔬菜和露地蔬菜产地农田地膜残留监测。监测结果表明，地膜残留量平均为每亩0.703 6kg，3种典型覆膜作物产地农田地膜残留量由大到小依次为露地蔬菜、保护地瓜果、保护地蔬菜。露地蔬菜采样地块残膜量大约是保护地瓜果的2.81倍，是保护地蔬菜的2.95倍。

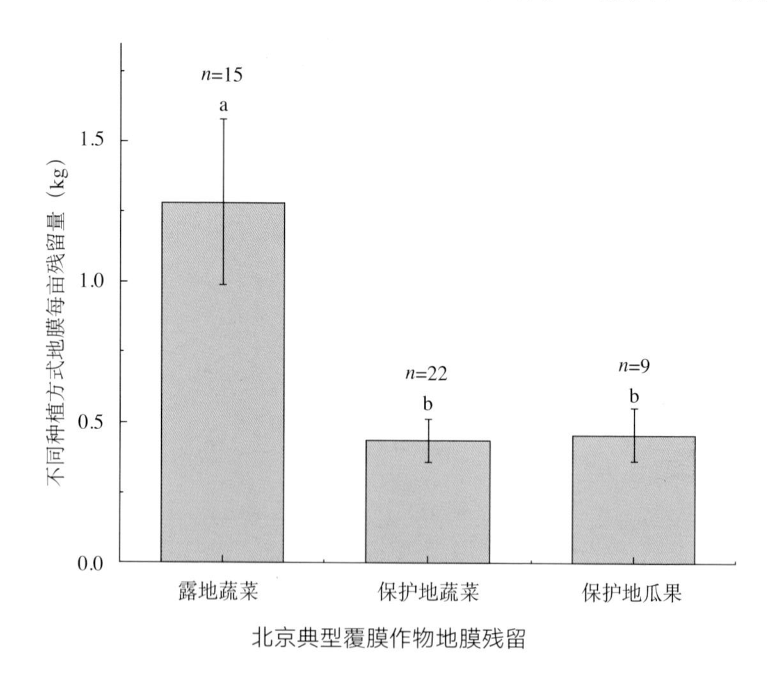

北京典型覆膜作物地膜残留

6. 联系人

刘东生。

三、养殖环境氨监测及畜禽氨排放因子的核算

1. 技术简介

集约化畜禽养殖过程中会排放大量的粪污，粪污中含有的氮在脲酶的作用下分解产生氨（NH_3）。而NH_3是重要的污染气体，除了对畜禽生长造成影响外，其排放还会导致水体富营养化、土壤酸化及大气PM2.5形成等许多环境问题。为了进一步改善养殖舍的环境状况，提高动物福利，同时了解养殖舍向环境中的NH_3排放量，需要对养殖舍内NH_3排放进行监测，并核算养殖舍内畜禽的NH_3排放因子。本技术采用智能在线监测设备，实现养殖舍内NH_3浓度的实时监测，核算出养殖舍NH_3排放因子，对于控制舍内空气环境质量及后续NH_3减排方案的制订具有重要意义。

2. 技术要点

（1）养殖舍内NH_3浓度评估采样布点原则。全开放式或半开放式养殖舍一般根据养殖舍大小选择3 ～ 7个点进行监测，可以按照Z形布点、对角线法布点、S形布点，也可以按照网格法布点。采用网格法进行布点时，需要合理划分网状方格，网格的边长根据养殖舍的宽度来确定。如对于单列式牛舍，牛舍宽为网格边长；双列式牛舍，1/2牛舍宽为网格边长；三列式及四列式牛舍，网格边长分别为牛舍宽的1/3和1/4。采样点设在网格中心或两条直线的交点处。

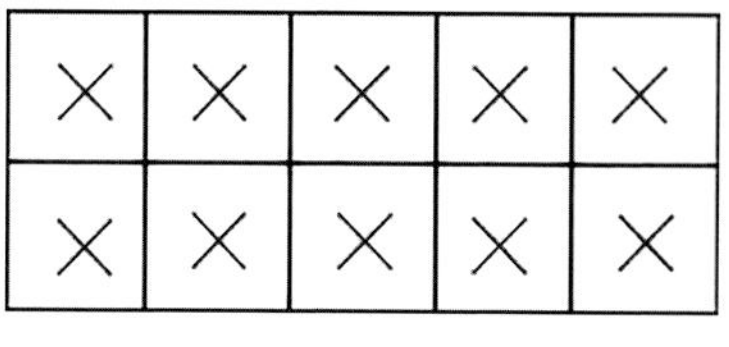

网格布点法

对于封闭式养殖舍，需对养殖舍布设多点进行监测。采样点的数量根据室内面积大小和现场情况而确定，要能正确反映室内空气污染物的污染程度。原则上，小于50 m^2的房间应设1 ～ 3个点；50 ～ 100m^2的房间设3 ～ 5个

点；100m^{2}以上的房间至少设5个点。多点采样时，应按对角线或梅花式均匀布点，应避开通风口，与墙壁的距离应大于0.5m，与门窗的距离应大于1m。采样点的高度原则上与人的呼吸带高度一致，一般相对高度在0.5 ~ 1.5m。

（2）畜舍NH_3排放因子核算中的采样点布设。为了核算养殖舍的NH_3排放通量，一般在进风口和出风口处分别布设1个采气点，用于监测进气和出气中NH_3浓度；再结合养殖舍内通风量的大小，核算出养殖舍的NH_3排放通量。

（3）NH_3在线检测设备及方法。由于养殖业NH_3排放浓度较高，多种仪器均可实现养殖业NH_3排放的有效监测。典型的监测仪器包括基于红外光声光谱法的INNOVA型红外光声谱气体监测仪、美国赛默飞世尔公司17i型NO-N_2O-NO_x气体分析仪等。

INNOVA 1412i多气体监测仪

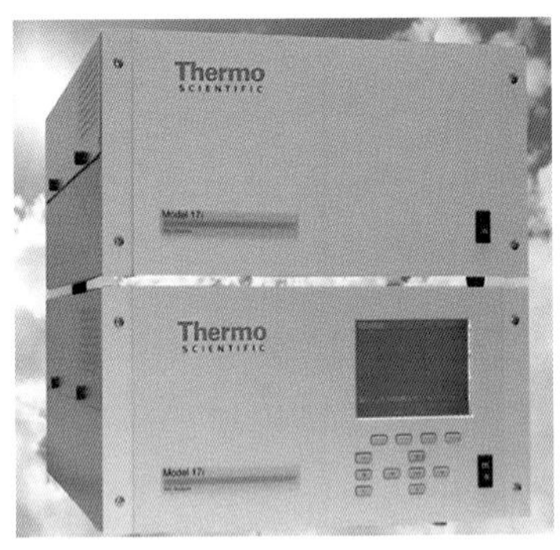

Thermo-17i NH_3分析仪

（4）CO_2平衡法间接核算养殖舍通风量。CO_2平衡法是国际农业和生物系统工程委员会（Commission Internationale du Genie Rural，CIGR）推荐的畜舍通风量核算方法。该方法的原理：动物是畜舍内CO_2的主要来源，畜舍通风量可通过舍内外CO_2的质量平衡进行估算。

$$VR=\frac{V_{CO_2}\times 10^6}{C_{e,CO_2}-C_{i,CO_2}}\times \rho_{CO_2}$$

式中，VR是畜禽舍的通风量，m^3/h；V_{CO_2}是整栋养殖舍的CO_2的产生速率，m^3/h；C_{e,CO_2}和C_{i,CO_2}分别是出气口和进气口的CO_2浓度（20℃），mg/m^3；ρ_{CO_2}是CO_2的密度，$1.977kg/m^3$（20℃）。具体核算方法请参考王悦等（2018年）。

（5）畜舍NH_3排放因子的核算。确定养殖舍通风量VR后，结合舍内出风口处NH_3的浓度，以及舍外空气本底中NH_3的浓度，计算养殖舍NH_3的排放因子。

$$ER=VR\times\frac{(C_{exh}-C_{amb})}{N}$$

式中，ER为每只畜禽的气体排放因子，mg/h或mg/d；VR为养殖舍的通风量，m^3/h或m^3/d；N为舍内动物的数量，只；C_{exh}、C_{amb}为养殖舍排气口和进气口的目标气体浓度，mg/m^3。

3. 功能与效果

（1）在线监测系统的运行可以实时掌握舍内污染气体浓度，利于及时进行反馈调节畜舍通风等操作，实现舍内空气环境质量的精准调控。

（2）养殖舍内多点位采样点的布设，保证了监测获得的NH_3浓度可以代表舍内NH_3浓度的实际情况。

（3）CO_2平衡法可以简便地核算出畜舍的通风量，结合进出口NH_3浓度的监测，简便地核算出养殖舍的NH_3排放因子。

4. 适用条件或范围

养殖环境NH_3监测及排放因子的核算主要适宜于各种类型的规模化养殖舍。

5. 实施案例

2018年8月、10月和2019年1月，在北京市延庆区德青源生态园一单栋存栏量为10万羽蛋鸡的清粪带式养殖舍进行了现场NH_3监测。研究发现，该养殖舍夏季、秋季和冬季NH_3平均浓度分别为（3.9±1.2）mg/m^3、（3.7±1.6）mg/m^3和（5.0±1.1）mg/m^3，核算出排放因子分别为（339.5±137）mg/d、（81.6±54.7）mg/d和（57.8±27.1）mg/d。

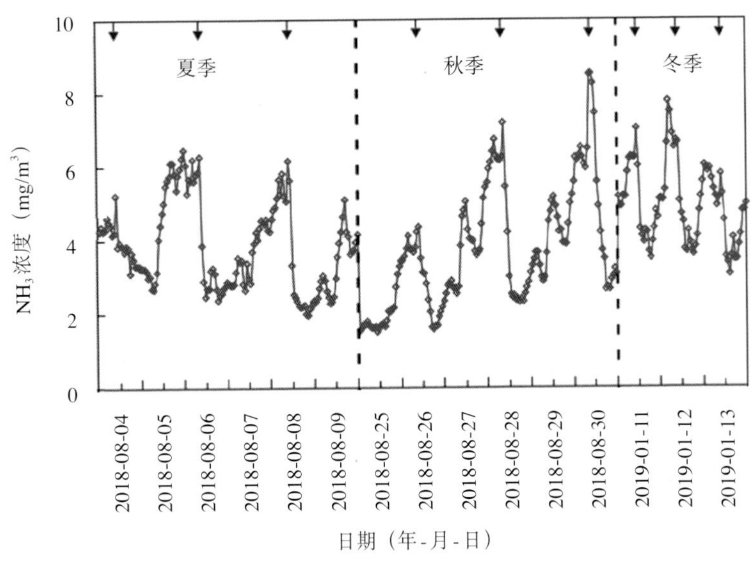

某10万羽规模化清粪带式蛋鸡舍夏秋冬三季出风口处NH_3浓度
（箭头表示清粪操作）

6. 联系人

王悦。

四、集约化农区地下水硝酸盐监测及污染脆弱性分区分级

1. 技术简介

化肥、农药的投入超过作物需要时，将加重对环境的威胁，地下水硝酸盐便是重要的污染因子之一。研究表明，饮用高硝酸盐含量水，将增大人类患高铁血红蛋白症及消化系统癌变风险。世界许多国家和机构都规定了地下水硝酸盐质量浓度标准，如世界卫生组织规定饮用水硝酸盐（以N计）浓度低于10.0mg/L，我国规定地下饮用水源的硝酸盐限量浓度标准为20.0mg/L。该解决方案可以经多层面综合分析农区地下水硝酸盐影响因素，划分优先控制范围与重点关注因素，为集约化农区地下水硝酸盐污染控制及人居健康管理提供有力支撑。

2. 技术要点

（1）**布设监测点**。选取特定集约化农区，按照地理位置均匀布点，兼顾菜田、粮田、果园等区域典型种植类型区多源化样品采集的原则，设置定位监测点（记录地理信息、种植类型），依据本地降水条件设置雨季前后采样频率及时间。

（2）**监测地下水硝酸盐含量**。取样测定地下水硝酸盐含量，并插值计算区域地下水硝酸盐含量分布状况。

（3）**构建空间数据库**。根据研究区尺度收集区域内社会经济、自然属性数据，构建研究区空间数据集。

（4）**分析影响因素**。对区域地下水硝酸盐含量与社会经济、自然属性数据分别进行相关性分析，结合地下水硝酸盐氮氧同位素溯源，确定主要影响因子。

（5）**进行污染脆弱性分级分区**。依据主要影响因子筛选结果，构建地下水硝酸盐污染脆弱性评价指标体系，设置评价指标评分

与污染脆弱性区划规范，选用迭置指数法，计算地下水硝酸盐污染脆弱性综合指数，进行污染脆弱性分级分区。

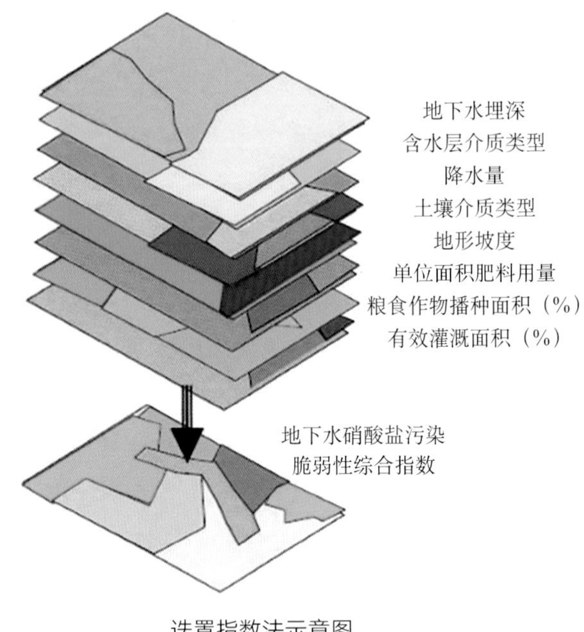

迭置指数法示意图

3. 功能与效果

通过本技术的运用实施，可分析获得所关注农区地下水硝酸盐污染的主要影响因素，可作为农区地下水硝酸盐污染分类预防措施实施的参考，为管理层制定经济、合理的地下水资源开发利用方针和地下水环境保护规划提供有力的科技支撑。

4. 适用条件或范围

适用于具有较全面的社会经济统计数据和自然地理、水文地质基础数据的区域。

5. 实施案例

2004年至今，编者团队联合津、冀、鲁、豫、辽各省（直辖市）农林科学院农业资源环境研究所相关专家，在北京、天津、河北、山东、河南、辽宁集约化农区设置长期定位监测点，开展地下水取样、调研、数据收集与分析等研究工作。①首次在北方典型集约化农区进行多省（直辖市）大区域尺度地下水硝酸盐长期定位监测，积累了四万余个地下水硝酸盐数据；②阐明了单位面积肥料施用量等是影响北方集约化农区地下水硝酸盐含量的主要因素，并通过地下水硝酸盐氮氧同位素的溯源证实了肥料施用量的重要作用，建立研究区地下水硝酸盐污染脆弱性评价体系并成功应用；③形成了长期监测、来源分析、风险预估与污染防控“四位一体”的北方集约化农区地下水硝酸盐污染研究与综合治理模式。

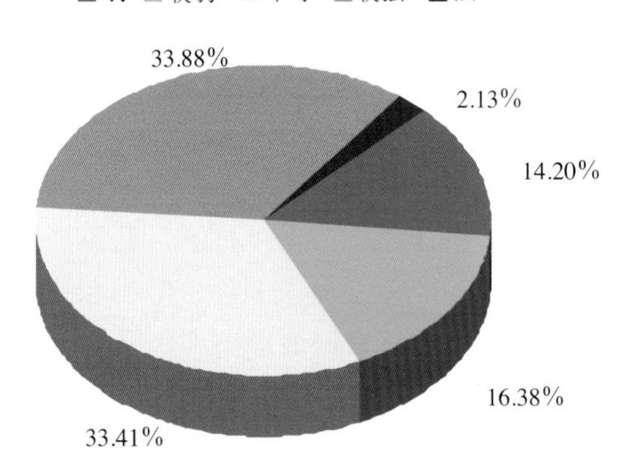

北方典型集约化农区地下水硝酸盐污染脆弱性分级

6. 联系人

赵同科，张成军，李鹏。

五、小流域农业面源污染调查、监测技术及评价方法

1. 技术简介

小流域农业面源污染调查、监测及评价是开展面源污染防治工作的基础。该技术通过实地勘测调查，获取小流域内河流水系分布情况和河道排污口分布情况；通过走访流域内农业基层管理部门与村镇居民，可以掌握种养制度、农业投入品用量和产排污情况；通过现场速测、采样及实验室分析，可以获得水文、水质以及底泥中污染相关数据。结合实地勘测、现场调查、采样监测以及文献资料查阅获得区域历史数据、图件后，评价河道水质、底泥质量，估算氮、磷入河负荷和建设信息平台。结论可用于判断小流域农业面源污染程度以及因地制宜制订治理方案，是确保小流域农业面源污染防治工作顺利开展的基础和保障。

2. 技术要点

（1）**图件、数据的获取**。主要是项目当地的自然概况（地理位置、地形地貌、气候、区域规划、自然资源、社会经济发展等）。图件包括项目当地的地形图（DEM图）、遥感影像（解译土地利用图）、水系矢量图、行政区划矢量图。数据包括项目当地的气象数据，主要指降水数据。根据地形图和水系图确定小流域范围。利用土地利用图计算流域内各种土地类型占比。

（2）**根据地图实地勘测调查**。依据水系分布情况、河流沟渠走向调查整个流域范围。调查类型包括实际土地利用情况、农业种植制度、作物需水时间规律、农田化肥和农药使用频率和用量；有无集约养殖以及养殖规模；有无工矿企业及企业产排污情况；流域范围内农村人口数、平均人口产排污情况、有无生活污水处理站、垃圾是否集中处理、厕所类型等。

（3）**河道进出水水量水质分析**。主要包括河流功能分析（防洪、灌溉、纳污、景观等）、有无排灌站及运转情况。调查河流进水口分布情况。调查河道堤岸材质及冲刷情况、河岸带植被、出水流向等基本情况。注意区别点源和面源对河道水体的贡献。分析河流进出水情况与上下游河流的水量、水质交换关系。水质分析方法参见下文（4）。

（4）**河水和底泥采样监测**。根据环境样品采样方法（HJ 495—2009《水质　采样方案设计技术规定》），在河流断面设定水质监测采样点。可以选择设定底泥监测采样点（GB 24188—2009《城镇污水处理厂污泥泥质》）。在流域内农田设定土壤监测采样点（HJ/T 166—2004《土壤环境监测技术规范》）。根据标准方法在实验室进行样品分析。

（5）**监测指标**。水样测定指标一般包括悬浮物（SS）、溶解氧（DO）、透明度（SD）、氧化还原电位（ORP）、高锰酸盐指数（COD_{Mn}）、氨氮（NH_4^+−N）、总氮（TN）和总磷（TP）。底泥和土壤样品一般测定指标包括pH、总氮（TN）、总磷（TP）、有机质（OM）、氨氮（NH_4^+−N）、汞（Hg）、铅（Pb）、镉（Cr）、铬（Cd）、砷（As）等。

（6）**水质和底泥质量评价**。根据以上调查和实验获得的数据，采用单因子评价方法等成熟方法，依据GB 3838—2002《地表水环境质量标准》、GB 15618—2018《土壤环境质量　农用地土壤污染风险管控标准（试行）》等标准进行评价。

（7）**负荷估算及信息平台建设**。采用输入系数法、SWAT模型等一些成熟方法和模型估算小流域内氮磷入河负荷量。将所有数据、图件收集整理，建立信息平台实现数据共享。

3. 功能与效果

（1）获得小流域面源污染第一手基础数据，掌握实际污染状况。

（2）能够为制订污染治理方案和配套工程措施提供数据基础。

(3) 能够为政府规划和管理决策提供参考和建议。

4. 适用条件或范围

适用于所有小流域面源污染防治工作的基础调查、监测、评价。

5. 实际案例

案例一：2012—2016年，在密云水库的潮河入库段开展小流域农业面源污染调查、监测及评价工作。获得该区域农业面源污染基础数据，完成了入库氮磷负荷量估算并建立研究区域信息化管理平台。

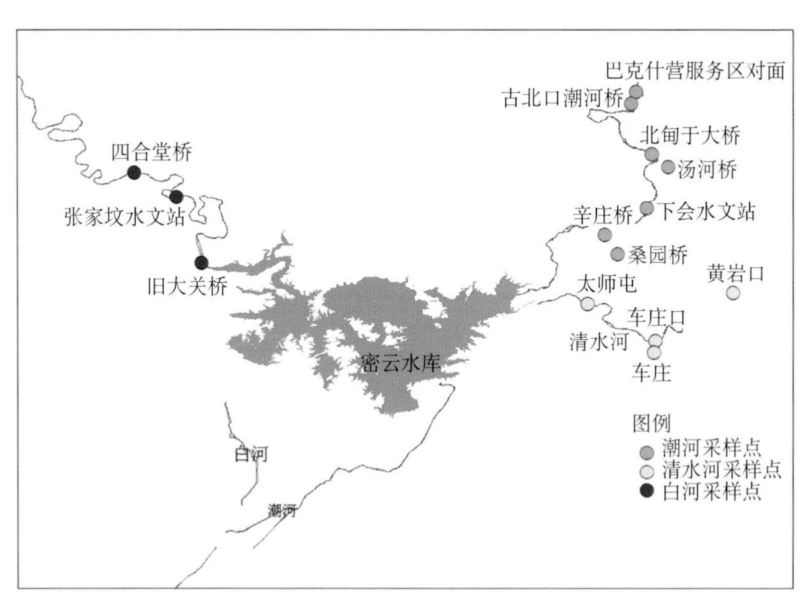

小流域1项目地理位置

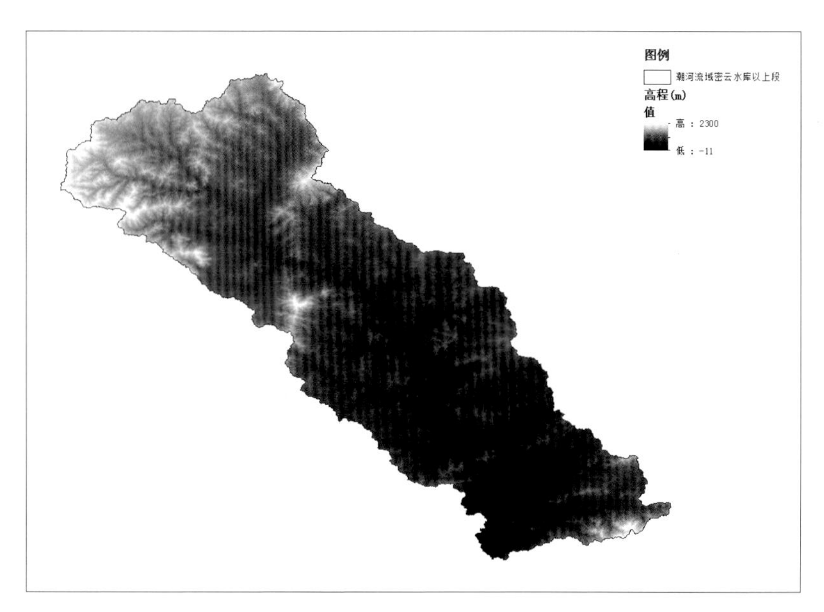

小流域1流域范围

小流域1河流现状

小流域1信息平台界面

案例二：2021年，在巢湖入湖河流和湿地池塘开展小流域农业面源污染调查、监测及评价工作，为之后的治理工程提供设计依据。

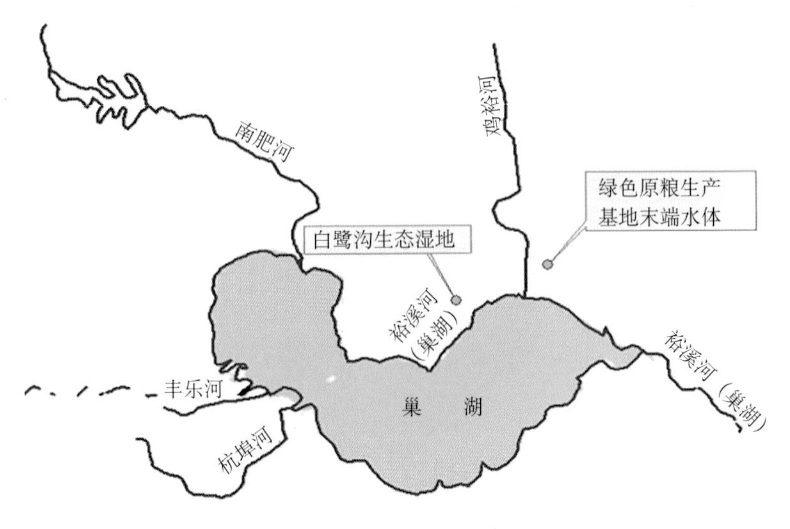

小流域2项目地理位置

小流域2流域范围

小流域2河流现状

小流域2河道排水口

6. 联系人

李新荣，杨金凤，田壮，李顺江。

六、北京郊区农业面源污染监测与管理系统

1. 技术简介

为评价京郊都市农业生产过程产生的面源污染风险、有效进行农业面源污染防控、提高农业资源利用率提供科技支撑，该技术以北京郊区农业生产过程产生氮磷、有机污染物、化学需氧量（COD）、生化需氧量（BOD）等面源污染因子为对象，集成利用地理信息系统（GIS）、遥感技术、数据库技术等，开发出一套适用于都市农业面源污染的监测、管理和评价的综合应用信息系统。

2. 技术要点

（1）**软件系统**。基于ArcGIS、SQL Server、Visual Studio 2008、B/S和C/S架构开发完成，满足后期二次开发功能。

（2）**数据中心**。京郊区域基础地理信息、流域信息、行政区划及交通道路信息、土壤信息、气象信息、土地利用信息、农业管理信息等的数据存储、管理，支持增删改查功能，能够生成专题图。

（3）**监测系统**。对区域水、土、气等面源污染主要因子的动态监测、管理，包括常规监测、在线监测和遥感动态监测，预留在线监测数据接口。

（4）**评价系统**。对所获取的数据进行模拟、预测和统计分析，实现对区域、污染源、流域、时间段的面源污染分析和评价。

（5）**工程项目**。实现对面源污染防治工程项目动态管理，重点评价工程效果。

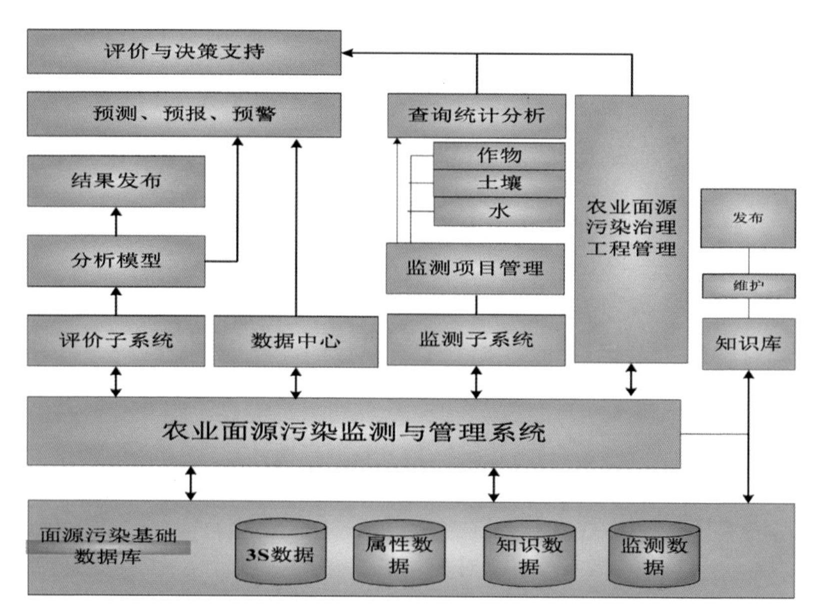

农业面源污染监测与管理系统基本架构示意图

3. 功能与效果

（1）用于京郊都市农业生产过程面源污染源的动态监控数据的管理和分析。

（2）实现面源污染预测分析模型和算法的程序化运行。
（3）根据业务需求对农业面源污染工程治理项目进行日常管理。
（4）提供可视化京郊都市农业面源污染信息服务和结果预测。

4. 适用条件或范围

主要应用于大城市周边农业生产过程面源污染有关基本信息采集、监测、数据管理与分析、评价、预测。需要配套安装野外水土氮磷、生化需氧量、化学需氧量等面源污染因子定位监测仪器设备，以及远程数据传输系统。系统每半年定期进行专业化维护和升级服务。

5. 实施案例

已应用于北京市第十、十一阶段大气污染治理项目“延庆县控制农村面源污染示范工程”优化农业结构工程、环境友好型肥料应用示范工程、农作物秸秆资源利用工程、畜禽养殖废弃物综合利用工程、面源污染控制监测与评价系统工程等的信息管理。

6. 联系人

安志装。

七、京津冀设施农业面源和重金属污染数据可视化平台

1. 技术简介

为明确京津冀地区设施农业投入和生产现状，了解该地区的氮磷淋失风险、重金属污染问题，构建京津冀设施农业面源和重金属污染防治与修复技术模式，解决京津冀设施农业氮磷淋失、重金属累积以及农业废弃物资源化利用等问题，依托“十三五”国家重点研发计划“京津冀设施农业面源和重金属污染防控技术

示范”项目，创建土壤测试指标数据库，形成可视、可查、可用的数据平台，为京津冀农业面源和重金属污染防治提供数据支撑。

2. 技术要点

（1）**基础数据库建立**。以北京、天津、河北三地设施蔬菜种植地区，尤其是设施蔬菜集约化程度较高的地区为调查对象，以县（区）级行政单元为单位，选择设施蔬菜播种面积大于1 000hm^{2}的区县，按照均匀布点、重点加密的原则，采用问卷和采样相结合的方法，对该地区设施农业种植面积、种植习惯、施肥习惯、土壤养分及重金属累积情况进行调研。

（2）**数据处理**。基于调查取样数据，插值分析出每一种土壤测试指标（重金属、养分元素）的分布情况；设置标准和样式，可视化展示每种土壤测试指标的区域分布情况；利用统计分析，创建相关性分析模型，支持任意选择两个土壤测试指标（监测点的原始数据），自动计算二者之间的相关性，生成相关分析结果，

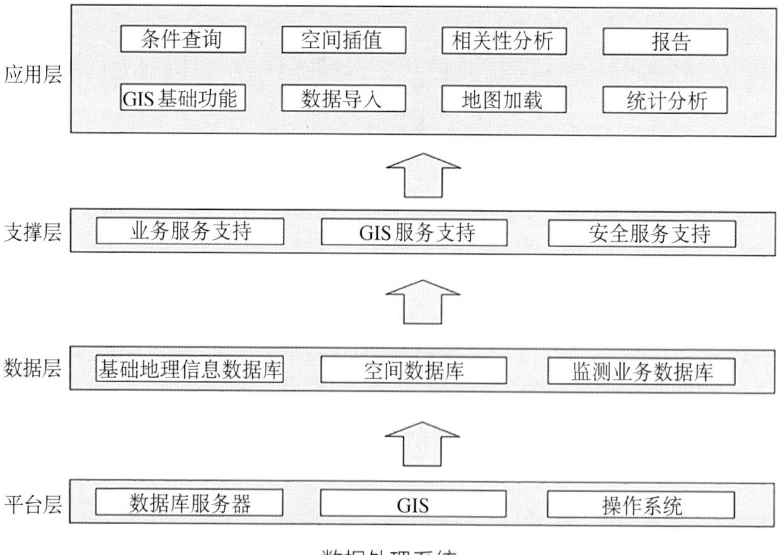

数据处理系统

例如散点图（包含趋势线、相关系数等）或统计生成有相关性的两个元素（均值）的柱状图分布图。

（3）**可视化平台搭建**。利用云平台，选择B/S架构，支持公有云与私有云部署；基于取样数据，可视化展示；支持数据分析，提供取样数据的空间插值与相关性分析；支持生成自定义报告，展示整个研究区的重金属分布情况及其与其他指标的相关性分析结果；同时，该平台支持调研点的数据更新，自定义筛选和信息查看，可以通过客户端访问；具有数据加密机制，可以设置访问权限，也可以数据备份恢复。

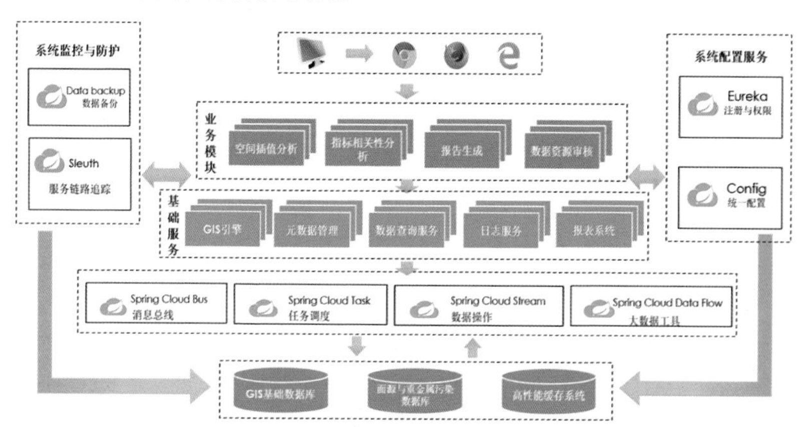

数据可视化及分析平台架构

3. 功能与效果

该技术形成可视、可查、可用的数据平台，能够快捷展示每一种土壤测试指标的空间现状分布，提升了北方集约化农区农业环境监测数据分析能力，为京津冀农业面源和重金属污染防治提供数据支撑，在农业数据可视化领域占领先地位。

4. 联系人

康凌云，李顺江，赵同科。

第二章

粮田农业面源污染防控技术

一、玉米肥料阈值的构建与面源污染控制技术

1. 技术简介

玉米作为我国第一大粮食作物，直接关系我国粮食安全。适量施肥对玉米增产效果显著，过量施肥不仅无法提高产量，还会造成土壤中残留大量营养元素，增加农业面源污染的风险。该技术结合农学阈值和环境阈值，寻求最佳肥料投入量，在保证作物产量的同时，兼顾生态环境保护。

2. 技术要点

（1）农学阈值的确定。肥料施入量在达到某一数值并超过时，玉米产量发生突变，不再增加甚至降低，则该施肥量为肥料的农学阈值。

（2）环境阈值的确定。土壤－玉米系统内的环境因素发生突变（如土壤中氮素、磷素淋溶量急剧增加等），则该施肥量为肥料的环境阈值。

（3）施肥阈值的确定。结合农学阈值和环境阈值，判定施肥阈值：①当农学阈值高于环境阈值，以不高于环境阈值作为施肥阈值；②当农学阈值小于等于环境阈值，以农学阈值与环境阈值的区间作为施肥阈值。

3. 功能与效果

（1）在保障玉米产量的同时，提高肥料养分利用率，减少投入成本。

（2）合理控制施肥量，减少农业面源污染。

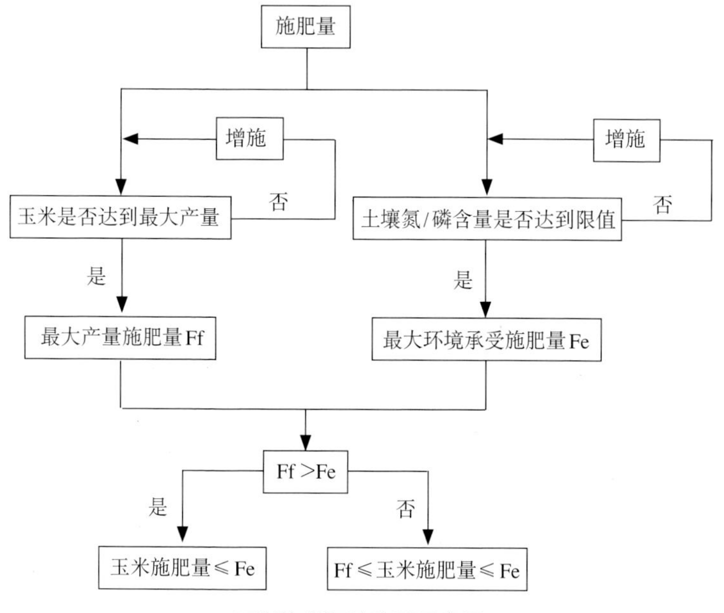

玉米施肥阈值构建示意图

4. 适用条件或范围

适用于玉米及其他各类农作物的施肥阈值推荐。

5. 实施案例

2018—2020年，在辽宁铁岭开展玉米大田实验，确定氮肥农学阈值为196kg/hm^2，环境阈值为233kg/hm^2，结合二者推荐氮肥施用阈值为196～233kg/hm^2。

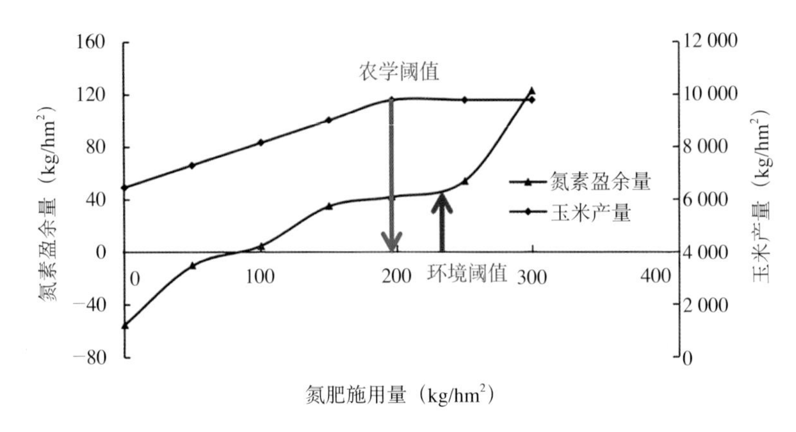

辽宁铁岭玉米试验地氮肥阈值图

玉米田现场

6. 联系人

钟华。

二、牛粪基质化水稻育苗面源污染防控技术

1. 技术简介

西南高原地区是我国奶牛养殖较为集中的地区，粪污产生量

大，如不经处理随意堆放在路边、河边进行露天晾晒，遇降雨后，会通过地表径流和地下淋溶污染水体，面源污染风险高。本技术可以提升当地水稻育苗质量，并大量地消纳牛粪，降低农业面源污染风险。

2. 技术要点

利用充分发酵后的牛粪，与当地山土、沸石等混合进行水稻穴盘育苗，育苗基质混合的同时加入控释肥料，保证整个育苗期的养分需求，不再进行追肥。

（1）用于加工成基质的牛粪和土等原材料，需要进行过筛，筛分精度要达到3mm，便于基质化加工。

（2）本技术基质生产的原料中，牛粪、土与沸石的混合中沸石的主要作用是增加重量，并且透气透水，既能保证抛秧的时候重量合适，落地时能砸进秧田，又能符合基质的透水保水要求。

（3）本技术采用基质育苗施用一次性底肥[每亩添加60d S型控释氮肥（N）2kg，磷肥（P_2O_5）2kg]，满足整个育秧期的养分需求，不用再进行追肥。

（4）育苗中，推荐穴盘式育苗，每穴里面放置泡好的水稻种子3 ~ 4粒。育苗中，水稻种子要提前进行浸泡，一般要泡3d至种子露白。

水稻穴盘育秧

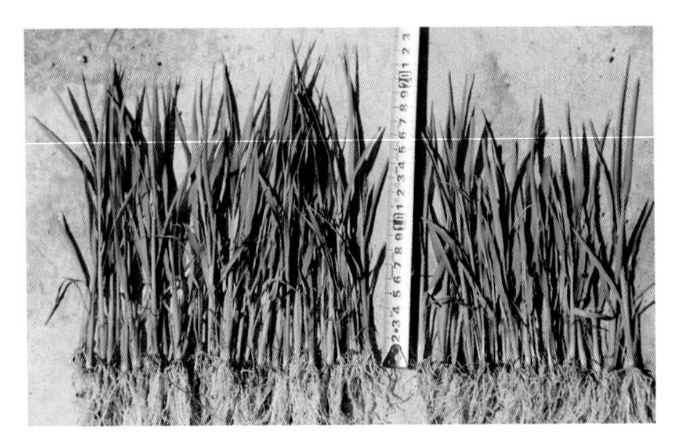

基质苗与传统苗对比

3. 功能与效果

（1）采用基质育苗结合水稻一次性施肥技术，提高了轻简化程度，省时省工。

（2）采用基质育苗技术后水稻苗质量高、出苗齐，插秧后缓苗快、产量高。

（3）在解决由牛粪产量大造成环境污染问题的同时利用了牛粪中的养分资源，具有极好的生态环境效应。

4. 适用条件或范围

适宜在我国西南高原区，周边有大量的水稻田，并能配套牛粪供应的区域推广应用。

5. 实施案例

在云南大理洱海区域水稻种植区进行了示范。充分利用当地奶牛养殖产生的牛粪废弃物进行充分发酵，以发酵后的牛粪为主要基质材料进行水稻育苗，基质苗根系发育更快、缓苗更快，更有利于当地水稻育秧的产业化发展。结合水稻一次性施肥技术，氮磷损失显著降低。

6. 联系人

孙钦平。

三、包膜抑制双控尿素减损技术

1. 技术简介

新型肥料在保证氮肥的适量施入及作物高产和品质优化方面起着非常重要的作用。但是，目前新型肥料产品中还存在一些技术瓶颈尚需解决，比如稳定性肥料中的抑制剂不稳定、有效作用期短，受到的影响因素较多；包膜控释肥料养分溶出后难以继续被调控，在土壤中的损失加大。因此，该技术采用树脂与抑制剂涂层联合包膜的技术手段，制备出具有物理包膜阻溶与抑制剂减缓氮素转化的新型缓/控释尿素，以有效控制尿素与抑制剂从膜内的溶出，并延长抑制剂的持效期，实现对酰胺态氮溶出与转化的双重调控，减少氮的淋溶与挥发损失。

包膜抑制双控尿素

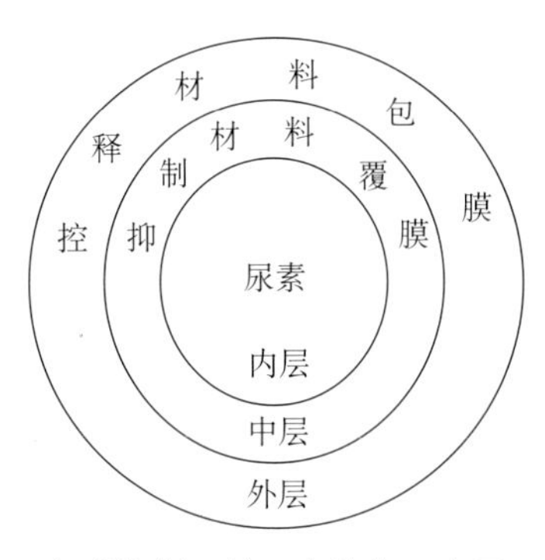

包膜抑制双控尿素结构示意图

2. 技术要点

(1) 播种、施肥可分开施用，也可采用种肥一次性同播技术。

（2）适用于冬小麦、夏玉米等作物机械化施用。

（3）所有肥料在作物机械播种时一次性深施，施肥深度应在种子侧方5.0～8.0cm、下方10.0～15.0cm的位置。

（4）在冬小麦上施用，所需肥料释放期为60d，与普通尿素配比为4：6（纯氮）；在夏玉米上施用，所需肥料释放期为45d，与普通尿素配比为3：7（纯氮）。

3. 功能与效果

（1）采用控释和抑制技术，延长抑制材料作用期，实现对氮素从膜内到土壤中的双重连续调控，节肥20.0%～30.0%。

（2）氮素利用率提升5.0～15.0个百分点，达到55.0%～68.0%（冬小麦）、40.0%～46.0%（夏玉米）。

（3）减轻氮素造成的污染，实现耕层减少氮素损失5.6个百分点以上。

（4）省时、省力、省人工，增效。

4. 适用条件或范围

粮食作物上皆可使用，在适播期内，播种时土壤相对含水量不低于70%。若墒情不足，播种后及时灌溉。

5. 实施案例

2018年和2019年6—9月，在河北省石家庄市鹿泉区大河镇夏玉米作物上应用，与农民习惯施氮相比，在减氮30%的条件下，夏玉米产量增加800～1 200kg/hm^2，农民净收入平均增加1 500元/hm^2；氮素淋失负荷平均下降30.0%以上、氨损失平均减少32.0%以上。

6. 联系人

肖强。

试验示范与推广

四、水稻一次性施肥技术

1. 技术简介

水稻一次性施肥技术是将控释氮肥、速效氮肥、磷肥、钾肥加工配制为控释掺混肥料（复合肥料），翻地（冬前翻地的春后耙地）前一次性均匀撒施或机抛肥，水稻全生育期不再追施返青肥、拔节肥、穗粒肥的施肥技术。

2. 技术要点

（1）采用农民习惯的育秧方式。

（2）氮肥用量减少20%。

（3）翻地前把配制好的控释掺混肥料（复合肥料）一次性撒施。

（4）然后再翻地、耙地、泡水、机插秧。

3. 功能与效果

减少化肥用量，提高肥料利用率，亩省人工1～2个，纯收益显著增加。

4. 适用条件或范围

适用于东北、华北地区水稻种植区，其他自然生态要素与本区相似的水稻种植区亦可参考使用。

5. 实施案例

在白城市洮北区德顺蒙古族乡冠丰农民合作社，示范面积为100hm^2。水稻品种为白金1号，4月13—17日育秧，5月18—22日机插秧，9月25日至10月1日收获。习惯施肥为基施磷酸二铵（64%）260kg/hm^2，硫酸钾（50%）210kg/hm^2；5月28—30日追施返青肥（尿素82kg/hm^2），6月5—7日追施分蘖肥（尿素150kg/hm^2），6月20—25日追施穗蘖肥（尿素74 kg/hm^2）。示范田采用基施水稻控释掺混专用肥（N ∶ P_2O_5 ∶ K_2O=20 ∶ 16 ∶ 14，内含50%控氮，750kg/hm^2），示范田较习惯施肥均减氮20%。收获前示范田按《全国粮食高产创建测产验收办法（试行）》测产验收，并取样考种测定穗数、穗粒数、秕粒率和千粒重。

水稻一次性施肥示范方案

处理	育秧方式	施肥方式	肥料配方	施肥量（kg/hm^2）
习惯施肥	习惯	基施+返青+分蘖+穗蘖	每亩12.5kgN、8kgP_2O_5、7kgK_2O	
示范田	习惯	耙地前一次底施	20:16:14	750

水稻一次性施肥示范田收获前长势

示范户接受电视台采访

从下表可以看出，示范田的穗粒数明显高于习惯施肥（增加10粒/穗），穗数和千粒重两者差别不大。在减少氮肥用量20%下，水稻产量较习惯施肥增加947kg/hm²，增幅11.4%。虽然示范田氮肥成本较习惯施肥多190元/hm²，但节省追肥劳动力投入450元/hm²，两项合计共节省260元/hm²，扣除氮肥投入后的净收入较习惯施肥增加3 101元/hm²。

产量及产量三因素

处理	产量（kg/hm²）	穗数（万穗/hm²）	穗粒数（粒/穗）	千粒重（g）	秕粒率（%）
习惯施肥	8 284	464.4	107	21.4	8.3
示范田	9 231	462.2	117	21.7	7.6

经济效益

处理	产量（kg/hm²）	产值（元/hm²）	氮肥成本（元/hm²）	追肥劳力投入（元/hm²）	净收入（元/hm²）
习惯施氮	8 284	24 852	815	450	23 587
示范田	9 231	27 693	1 005	0	26 688

注：水稻收购价格3 000元/t，尿素2 000元/t，包膜尿素3 800元/t，追肥人工450元/hm²。

收获前水稻一次性施肥示范田现场观摩会

综合所述，一次性施用水稻控释专用肥的施肥方式能满足水稻生育期的生长发育，在节肥和简化施肥基础上增产增收明显，利于推广。

6 联系人

衣文平。

五、沼液粮田深施消纳技术

1. 技术简介

畜禽养殖场产生的沼液是农业面源污染防控的重要内容，农田施用是其重要的消纳渠道。利用施用装备开沟进行大面积的沼液农田施用，在合理控制沼液用量的基础上，施用后进行土壤覆盖，大幅度降低氨挥发损失和臭气的外溢，面源污染防控效果显著。

2. 技术要点

针对畜禽养殖场产生的大量沼液，推荐在周边农田，特别是粮田进行沼液的合理消纳，消纳要符合沼肥农用的行业标准要求。

（1）确定合理的沼液用量。沼液施用基本原则是总量控制、分期施用，其中，包括施肥总量的确定、分期施肥配比以及不同沼液原料的选择等。作物全生育期总施肥量取决于作物达到目标产量的需肥量，受到产量目标、土壤特性、肥料供肥特性等的影响，推荐沼液用量与化肥等氮量施用。

（2）沼液检测。不同来源的沼液其养分含量差异较大，施用前充分了解所用沼液的原料情况，结合化学测试，对沼液速效氮、磷、钾及电导率做全面的了解，合理地确定施肥量。

（3）土壤深施。利用深施装备，对土壤进行覆盖施用。首先，采用开沟器进行开沟，开沟深度5cm以上。然后，利用沼液施肥管

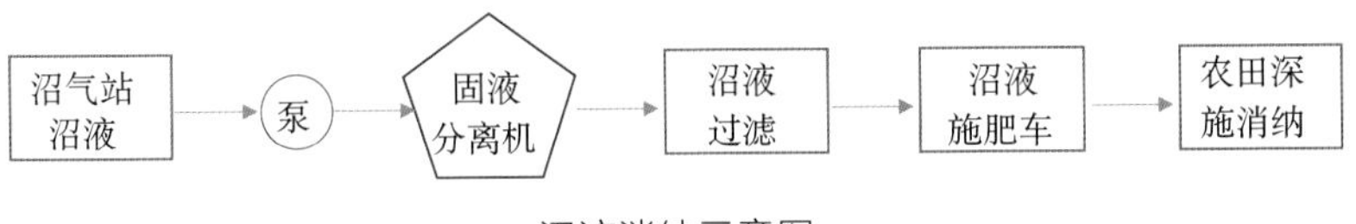

沼液消纳示意图

道将沼液灌进施肥沟，并进行土体的掩埋，实现沼液的土体深施。

3. 功能与效果

(1) 通过沼液的农田施用进行化肥替代，可以起到沼液在粮田的合理应用，保障了养殖废弃物的农田消纳，并减少了化肥在农田的投入，面源污染防控效果显著。

(2) 利用沼液深施后覆土的装备技术，降低了施用后氨挥发的损失，并解决了常规沼液施用方式带来的臭气外溢难题，气体减排效果明显。

4. 适用条件或范围

本技术主要适用于沼气站周边配套有较大面积的粮田区域，或者能够进行种养结合的种植园区。

5. 实施案例

北京奥格尼克生物技术公司为解决周边养殖场废弃物处理的需求，以及周边农户有机肥和沼液施用的难题，配备了有机肥撒肥车和沼液施肥车，在周边玉米地进行机械化施用。在玉米种植前和收获后进行沼液施用，装备施肥效率高并用量精准控制，成功解决了有机肥和沼液农田施用难题，替代了大量化肥，降低了区域农业面源污染

玉米收获后沼液农田深施消纳

风险。

6. 联系人

孙钦平。

六、有机肥料机械化施用技术

1. 技术简介

有机肥料一般养分含量相对低、施用量大、施用不便，有机肥料机械化施用需求迫切。利用施肥装备，实现有机肥料的机械化施用，可实现连片集中作业，施用简单，适宜大面积推广。该技术能提高有机肥料施用轻简化和施用效率，减少人工投入，利于有机肥料行业的可持续发展和土壤质量的提升，前景广阔。

2. 技术要点

有机肥料机械化施用技术包括施肥机选择、肥料物理性质和用量确定及机械撒肥速率调节。

（1）**施肥机选择**。根据农田规模对施肥机进行筛选，包括施肥机装载量和运行性能等。

（2）**有机肥料的选择**。有机肥料含水率和容积密度决定施肥机的排肥性能，因此，一般有机肥料含水率20%～35%、容积密度340～400kg/m^3比较适宜。

（3）**肥料用量确定**。有机肥料用量确定，基本原则是以磷为依据确定施肥量。有机肥料用量不能超过投入阈值。依据每亩有机肥料用量确定撒肥机开口度。通常撒肥速度为每亩地用时15min。

3. 功能与效果

有机肥料在大田作物上的机械化施用，有效提高农田土壤肥力水平、改善土壤结构、促进土壤保水保肥；该技术操作简单，节省劳动力，成本约50元/t，较包装节省20元/t；施肥效率大幅提升，对有机肥料行业的可持续发展起到促进作用。

4. 适用条件或范围

本技术适用于有较大规模农田、便于集中作业、地势平坦的广大区域。

5. 实施案例

北京奥格尼克生物技术公司为周边农户和养殖场配备了有机肥料撒肥车，进行机械化施用，成功解决了有机肥料农田施用的难题，降低了区域农业面源污染风险。

有机肥料机械化施用

6. 联系人

许俊香，孙钦平。

七、粮田填闲种植阻控氮、磷养分流失技术

1. 技术简介

粮田填闲种植本质是复种技术，即在同一耕地上一年种收一

茬以上作物的种植方式，能增加作物多样性，提高土地、光、水和养分等资源的利用能力。主要包括：①复播，即在前茬作物收获后播种后茬作物；②复栽，即在前茬作物收获后移栽后茬作物；③套种，即在前茬作物成熟收获前，在其行间和带间播入或栽入后茬作物。填闲种植通过多样化作物覆盖，减缓降水对基础土壤的侵袭，减弱水流侵入深层土壤的强度，从而减少地表径流损失。同时，利用不同根层深度的作物，充分吸收土壤氮、磷等养分，达到阻控氮、磷养分流失的目的。

2. 技术要点

（1）**作物组合**。充分利用休闲季节增种一季作物。如南方利用冬闲田种植小麦、大麦、油菜、蚕豆、豌豆、马铃薯、绿肥、饲料、蔬菜等，华北、西北夏闲田复种荞麦、糜子、大豆、谷子、玉米等。

（2）**品种搭配**。生长季富裕的地区应选用生育期较长的品种，如双季稻三熟制，冬季作物选择早熟作物，双季稻选择晚熟品种；生长季紧张的地区应选用早熟高产品种，如绿肥、大麦等作为双季稻的前茬作物；应避开不可抗拒的气候灾害，如春旱、伏旱、台风等。

（3）**缩短周期**。将直播改为育苗移栽，克服复播后生育季节短的矛盾，如温室育秧、农膜育秧、地膜育秧等，以及为了减少移栽返青期而应用的营养钵、营养袋等育秧技术。

（4）**套作技术**。在前茬作物收获前于行间、株间或者预留行间直接套播或套栽后茬作物，如中稻田、晚稻田套种绿肥，早稻田套种大豆，麦田套种玉米、花生、烤烟等。

3. 功能与效果

（1）在有限的土地面积上，通过延长光能、热量的利用时间，使绿色植物合成更多的有机物质，提高作物的单位面积年总产量。

（2）使地面的覆盖增加，减少土壤的水蚀和风蚀。

（3）提高生物多样性及土壤质量，减少病虫害。

（4）填闲作物可吸收土壤残留氮、磷，并降低其淋溶损失，降低环境污染。

4. 适用条件或范围

主要应用于生长季节较长、降水较多（或具备灌溉条件）的暖温带、亚热带和热带，特别是人多地少的地区。在肥料投入量大、利用率低、氮磷面源污染负荷严重的地区，粮田填闲种植可作为一种有效的农业生态工程手段，管理农田养分和防控农田面源污染及维持土壤肥力，达到环境效应和生产效应俱佳的目的。

5. 实施案例

2008年4—9月，在北京市延庆区开展了玉米和根芹的间作，玉米/根芹间作模式能够有效提高玉米产量18.98%，同时能使表层土壤硝态氮和有效磷含量降低9.95%和11.08%，降低粮田土壤氮、磷过量累积对土壤质量环境的潜在风险。

玉米/根芹间作

玉米/籽粒苋间作

2018年6—10月，在北京市房山区和昌平区开展了玉米和籽粒苋的间作，在河南省新乡市开展了玉米和龙葵的间作，整个生育期按照当地农民常规管理方式进行。通过填闲种植，产量保持稳定，减少了土壤硝态氮的残留量和淋洗量。

6. 联系人

梁丽娜，李顺江，马茂亭。

八、玉米一次性施肥技术

1. 技术简介

近年来，夏玉米生产中过量甚至超量施用化肥现象比较普遍，特别是氮肥的过量施用已相当严重，造成了土壤酸化和板结、土壤理化性质恶化及农产品质量下降等一系列农田生态问题，同时，追施肥料增加了人工成本投入和劳动强度，不符合绿色、高效的现代农业发展要求。控释肥料是传统肥料的升级替代产品，是通过各种调控机制使肥料中的养分缓慢或控制释放，达到与作物需肥规律近似匹配，保证了养分的释放供应量前期不过多、后期不缺乏，具有“削峰填谷”的效果，在保证作物产量的前提下可以大大降低养分向环境排放的风险。鉴于此，我们以控释肥料为核心，开发出了夏玉米一次性施肥技术，不仅减轻了环境污染，同时节约了人工成本。

2. 技术要点

（1）缓控释氮肥应选择符合GB/T 23348、HG/T 4215要求的包膜控释肥料，其养分释放期为50 ~ 70d，初期养分释放率≤12.0%，28d累积养分释放率≤75.0%，养分释放期的累积养分释放率≥80%。

（2）包膜控释氮肥与普通尿素配比为3 ∶ 7（纯氮），混合均匀。

（3）所有肥料在玉米机械播种时一次性深施，施肥深度应在种子侧方5.0 ~ 8.0cm、下方10.0 ~ 15.0cm的位置。

（4）选用亩施肥量50.0 ~ 60.0kg的种肥同播机，种肥隔离12.0 ~ 15.0cm，配套动力按机具产品使用说明书中规定选配机械。

3. 功能与效果

（1）采用控释技术，匹配夏玉米需肥规律，实现对氮素从膜内到土壤中的定时控制释放，减施化肥10.0%～20.0%。

（2）氮素利用率提升5.0～10.0个百分点。

（3）减轻氮素造成的污染，实现耕层减少氮素损失5.0个百分点以上。

（4）省时、省力、省人工，增效。

4. 适用条件或范围

需肥作物上皆可使用，在适播期内，播种时土壤相对含水量不低于70%。若墒情不足，播种后及时灌溉。

5. 实施案例

2015—2020年每年6—9月，在黄淮海夏玉米主产区应用，与农民习惯施氮相比，在减氮20.0%的条件下，夏玉米产量增加600～1 200kg/hm^2，氮素损失减少7.2%～15.2%，农民净收入平均增加1 400元/hm^2。

种肥同播机

试验示范与推广

6. 联系人

肖强。

第三章

果蔬农田农业面源污染防控技术

一、基于炭基肥料的菜田、果园面源污染防控技术

1. 技术简介

生物炭是生物质在缺氧条件下通过热化学转化得到的固态产物。其比表面积大，孔隙结构发达，具有高度稳定性和较强的吸附性能。利用生物炭的特性，将它作为肥料载体，通过不同工艺将生物炭与肥料复合，制备出具有不同外形、配方组合和功能的生物炭基肥料。利用生物炭的保水、保肥作用，从源头减少肥料投入量，减少养分淋失，从而达到防控农业面源污染的目的。生物炭主要来源为秸秆等农业有机废弃物，制备生物炭的同时实现了废弃物的资源利用。

2. 技术要点

（1）炭基肥料的制备。通过肥料熔融高压附载法、肥料水溶浸泡吸附法、肥料掺混造粒法、生物炭包裹肥料法、炭基脲醛复合反应法等工艺将生物炭与肥料复合，进一步造粒或塑形，满足不同作物施用的需求。

（2）炭基肥料的施用。炭基肥料具有缓释、保水、保肥的作用，主要作为底肥施用。与常规三元复合肥相比，炭基肥料作为底肥施用的时候可以减量25%～30%。

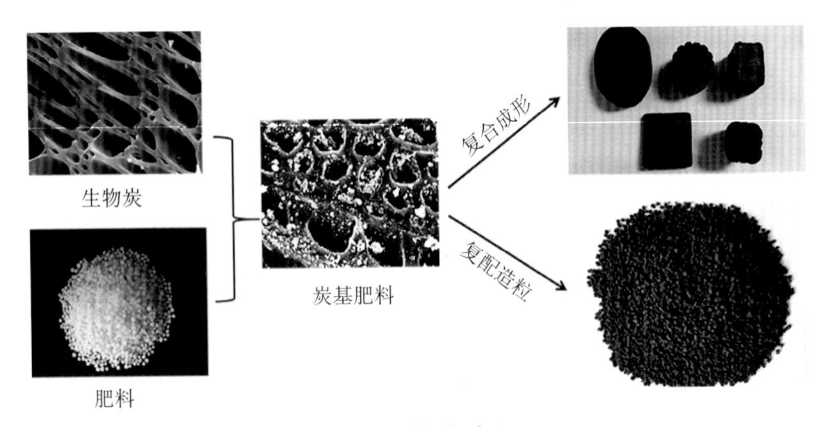

炭基肥料制备流程

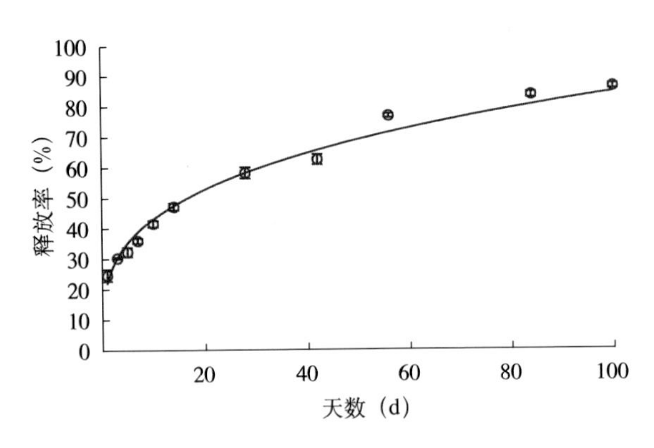

炭基肥料养分释放曲线

3. 功能与效果

炭基肥料在设施蔬菜、桃园上应用，可以提高表层土壤氮含量，促进作物对养分吸收利用，减少氮向下淋溶，减少农业面源污染，设施蔬菜田不同土层（20 ~ 40cm、40 ~ 60cm、60 ~ 80cm、80 ~ 100cm）的硝态氮含量分别降低31.6%、18.7%、32.3%、22.5%；桃园不同土层（20 ~ 40cm、40 ~ 60cm、60 ~ 80cm、80 ~ 100cm）的硝态氮含量分别降低35.2%、32.3%、64.6%、74.1%。

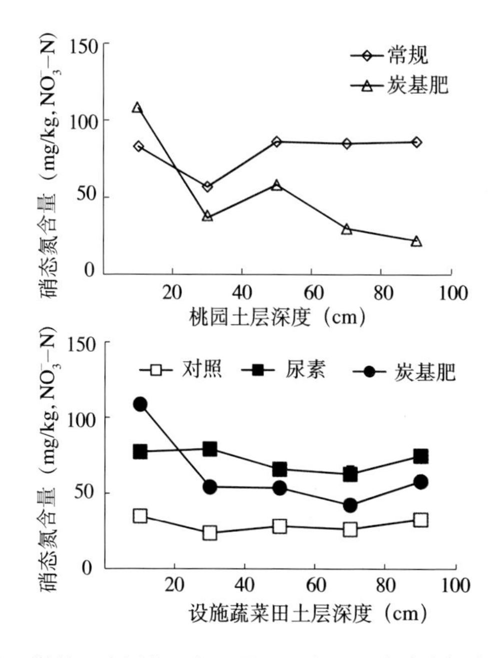

应用炭基肥降低菜田和果园不同土层深度硝态氮含量

4. 适用条件或范围

炭基肥料可作为底肥在菜田、果园等广泛应用。

5. 实施案例

炭基肥料在北京大兴的设施蔬菜田应用，提高生菜产量10%～18%，土壤容重降低2.9%～5.9%；在平谷果园应用，大桃单果重提高11%～13%，增加大桃糖度、维生素C含量，同时降低了大桃硝酸盐含量，提高大桃品质，减少氮向下层土壤淋失，可以减少桃园肥料投入340元/亩。

6. 联系人

廖上强。

二、棒状肥加工及其应用技术

1. 技术简介

棒状肥是根据果、林、花卉等不同作物需求，将氮、磷、钾不同组分与黏结剂、辅料混合在一起，经物理挤压固结成棒状的一种新型肥料。

2. 技术要点

在树冠周围将棒状肥打入或埋入土壤中，根据不同果林树选择不同的打入深度。如南方的香蕉一般在表土下5 ~ 10cm，北方苹果一般在表土下20cm左右。

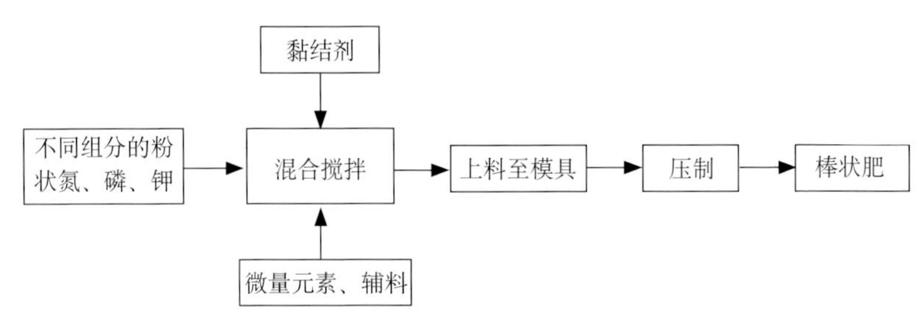

棒状肥生产工艺流程

棒状肥加工设备及苹果棒状肥产品

3. 功能与效果

（1）工艺简单，生产成本低，适合规模化生产。

（2）减少施肥次数，省工省时。

（3）减少肥料流失，提高肥料利用率，比普通施肥增产5%以上。

（4）根据需要添加各种所需的微量元素以及杀虫剂、杀草剂、杀菌剂等。

（5）便于为果、林、花卉提供配方肥。

4. 适用条件或范围

适用于我国的大多数常见果树，如南方的香蕉、柑橘、橡胶、桉树等，北方的苹果、梨树、桃树、樱桃等。此外，还适合根系比较庞大的花卉及各种绿化树。

5. 实施案例

在山东省栖霞市臧家庄镇臧家庄村某果园，开展试验苹果棒状肥应用及其与习惯施肥对比试验。结果表明，冬前一次底施苹果棒状肥与习惯施肥相比：花序坐果率提高1.4%，花朵坐果率提高2.1%，平均外围新梢生长量增加2.2cm；平均单果重增加12.7g，

8月下旬苹果长势

单产增加4 297.5kg/hm^2，增加7.1%；减少用工300元/hm^2；在肥料投入相等的条件下，净收入增加17 490元/hm^2。

6. 联系人

衣文平。

三、露地蔬菜液体肥配肥站构建与面源污染控制技术

1. 技术简介

蔬菜种植水肥投入强度高、总量大，已经成为面源污染的重要来源。该装备以服务不同规模蔬菜生产的高效水肥管理为目标，将新型液体肥料、水肥控制装置以及施肥应用技术集成，对于提升设施蔬菜水肥利用率、降低人工成本、减少面源污染、实现蔬菜生产技术升级、增强蔬菜轻简高效发展及保护环境等具有重要的促进意义与推动作用。该技术在前期研究基础上，开发出液体水溶肥料，以尿素硝铵溶液（UAN）、低聚合度液体聚磷酸铵和自制液体钾肥为基础原料，形成适合不同类型蔬菜的液体配方肥，并逐渐形成基于设施园区的配肥站和施肥技术指导手机App程序，为规模化滴灌施肥提供了优化升级的技术支持。

2. 技术要点

（1）配肥站的组成。配肥站由液体肥储液桶、肥液流量控制装置、滴灌施肥机、施肥指导手机App等组成。

（2）配置储液装置。按照作物面积配置氮、磷、钾三种液体肥储液容器，规模较大可配置方形吨桶（1 m^3），规模稍小可配置圆柱桶。桶上均需安装进出水口和开关或桶盖。氮肥为尿素硝铵溶液，氮肥液用量较大，一般单独储放，同时方便添加氮肥增效剂，磷、钾肥可单独储放或合并储放。装置应避免太阳直晒或增

加深色覆盖物。

（3）**滴灌追肥**。追肥前测试土壤或按照施肥App计算每次追肥的氮磷钾数量。通过配肥站控制系统分别量取一定量的氮磷钾肥液，加入施肥机或施肥罐内。其中，尿素硝铵溶液配合氮肥增效剂施用以提高氮肥利用率。

（4）**施肥管理**。观察田间长势，同时可测定作物氮含量变化，以调整下次施肥数量和时间。

小规模配肥站

大规模配肥站储液桶

大规模蔬菜生产液体肥与施肥机配合使用

日历式配肥站施肥指导手机App

3. 功能与效果

（1）该装备克服了当前固体肥溶解慢、易堵塞、断续加肥的不足，以多种液体肥配合实现了快速溶解、无残留，施肥均匀性显著提高，用工量显著降低，施肥装置简单、成本低廉，配备了信息化手段提供施肥指导，构建了适用于温室、园区以及规模化生产的不同层次的装备，并申请专利1项。

（2）该技术有效地提升了果实品质，降低了硝酸盐污染和气体排放，为水肥一体化技术推广提供了重要的装备支持，具有显著的经济、社会及生态效益。

（3）液体肥成本相对较低，与常规固体肥成本相同或略低，比高品质的固体水溶肥低50%左右，但溶解性可以改善90%以上，液体肥遇水即散，几乎不存在溶解的问题。

4. 适用条件或范围

该装备适用于大面积平原规模化露地叶菜水肥一体化。

5. 实施案例

本技术在张家口市沽源县露地生菜上开展了应用，并且利用液体肥配肥站根据作物的生长需求控制不同时期追肥的比例，在生菜生长早期采用$N : P_2O_5 : K_2O=3 : 1 : 2$的配方，在团棵期采用3 ∶ 2 ∶ 4的配方，同步作物氮、磷、钾的供应。与常规施肥相比，生菜产量增加了9%～14%。与此同时，肥料利用率得到了提高，使用液体肥减肥达到22%，降低施肥成本23%，每亩减少投入230元，实现节本增效。基地的生菜供应麦当劳、肯德基等餐厅，生产管理、品控过程比较谨慎严格，说明液体肥的效果得到了企业的认可。

6. 联系人

杨俊刚。

大规模生菜追肥前取土测试

田间配肥站与灌溉设备

配肥站技术培训

施用液体肥后进行土壤养分含量测试

四、蔬菜水溶肥加工及精准施用技术

1. 技术简介

水肥一体化是农业现代化及规模化生产下的主推水肥技术模式。根据作物不同生育期制定专用配方水溶肥产品是水肥一体化技术的核心。环境逆境（如温度和水分不适宜）及土传病害问题严重限制作物产量与品质提升，需要向作物生产系统投入土壤调理剂/生长调节剂。向配方水溶肥中添加黄腐酸、氨基酸、低聚糖或抗氧化植物提取物类物质，制备成功能性水溶肥，是水溶肥加工和应用的主要方向。新型功能性水溶肥产品在提供必需营养物质的同时，还可调节土壤微生态平衡，改善作物逆境适应能力，促进作物生长及养分吸收，在提升作物产量与品质的同时，大幅减少土壤矿质养分残留及淋溶损失。

2. 技术要点

（1）水溶肥产品的基础配方。高氮型26-7-17和30-5-15，平衡型20-20-20，高磷型15-30-15，以及高钾型16-6-30、15-5-30等。

（2）确定功能物质类型。根据目标地块土壤理化性质及微生态平衡、作物连茬与否、常见生理病害、阶段生长特征、营养需求等，从有机酸、氨基酸、低聚糖、抗氧化植物提取物中，确定配方水溶肥添加的功能辅助物质；从固体、液体和膏体等不同剂型中，确定添加的具体形态。

（3）确定功能物质用量。确定功能物质的添加比例和用量。根据环境条件和生长状况，确定是否添加营养促进剂、离子平衡剂、抗逆功能物质，如添加，选择适宜的类型及添加比例。

（4）应用方式。研制的水溶肥产品既可叶面喷施，也可随水喷灌和滴灌，做到随水带肥，减少氮、磷损失。

3. 功能与效果

（1）提升作物产量与肥料利用率、改善作物品质，增加作物可食部位中矿质元素、有益元素、维生素的含量。

（2）水溶肥产品定制化，精准控制水肥投入，实现肥料减施增效，促进农业绿色可持续生产。

（3）提供作物必需营养，增强作物环境适应性和抗逆抗病能力，因此，有助于改善作物生长，间接减少水肥投入量与损失。

4. 适用条件或范围

水溶肥技术适用于露地、连栋温室、玻璃温室和设施大棚条

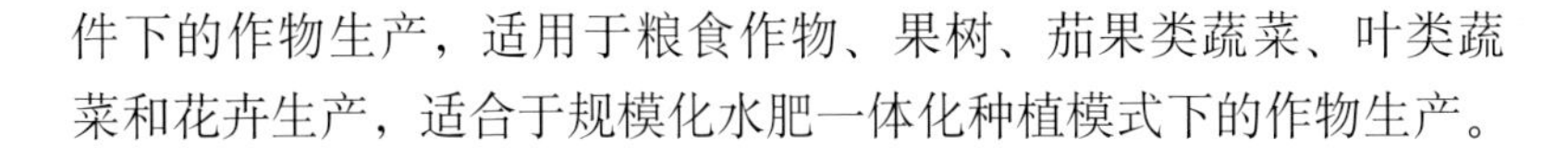

件下的作物生产，适用于粮食作物、果树、茄果类蔬菜、叶类蔬菜和花卉生产，适合于规模化水肥一体化种植模式下的作物生产。

5.实施案例

2017年，在河北省沽源县开展了优质生菜和优质马铃薯水溶肥应用技术，在保产的同时，土壤0～20cm、20～40cm和40～60cm土层土壤硝态氮含量分别下降40%、55%和53%，土壤有效磷含量分别下降28%、36%和25%，表现出很好的土壤氮、磷淋失阻控效果。

水溶肥技术在沽源生菜基地的应用

水溶肥技术在沽源马铃薯基地的应用

2018年，在北京市平谷区刘家店镇的大桃试验、北京市顺义区北京兴农鼎力种植专业合作社的葡萄试验、北京市农林科学院植物营养与资源环境研究所连栋温室的品质甜瓜和品质番茄试验中，该水溶肥技术应用后，大桃、葡萄、甜瓜和番茄的果实糖度增加了2%～5%，肥料投入量减少20%～30%，灌水量减少15%～25%，氮、磷淋失损失量减少15%～20%。

6.联系人

李艳梅，张琳。

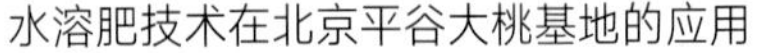

水溶肥技术在北京平谷大桃基地的应用　　水溶肥技术在北京顺义葡萄基地的应用

水溶肥技术在北京市农林科学院植物营养与资源环境研究所连栋温室甜瓜和番茄生产中的应用

五、基于改性沸石的设施菜田磷素调控技术

1. 技术简介

磷是作物所需的第二大营养元素，但磷肥的当季利用率仅为10%～25%，因此，磷肥的应用通常超过作物所需量。磷肥的长期大量应用引起了土壤中磷的累积，设施菜田尤为严重。大量研究表明，我国设施菜田的土壤有效磷含量已经远远超过土壤磷的环境阈值，增加了水体富营养化的风险。因此，设施土壤磷的调控成为降低环境污染和科学施用磷肥的重要手段。基于改性沸石

的设施菜田磷素调控技术是利用改性沸石对磷的吸附能力，将土壤中过多的磷钝化在土中的一种技术，可以有效降低土壤中磷的淋溶损失和环境风险。

2. 技术要点

（1）**改性沸石的制备**。因为天然沸石对磷的吸附量低，所以需要通过硫酸亚铁改性，提高其吸磷能力。硫酸亚铁与沸石的质量比为0.02 ：1，制备成硫酸亚铁改性沸石。

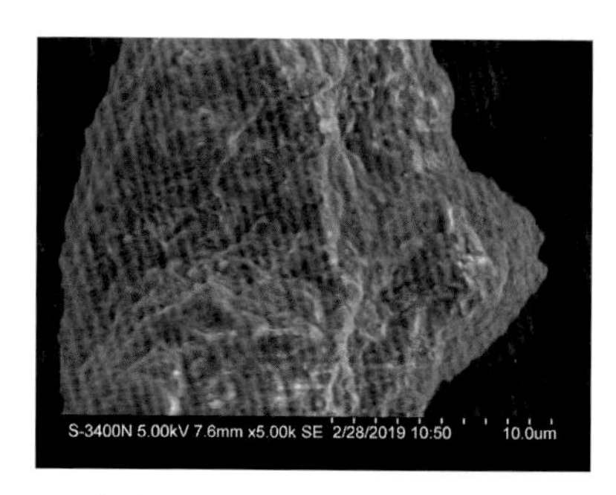

硫酸亚铁改性沸石的电镜扫描图

（2）**改性沸石的用量**。硫酸亚铁改性沸石用量的选择主要依据土壤中的有效磷含量。当设施土壤有效磷含量高于200mg/kg时，改性沸石的推荐用量为每亩600kg；当设施土壤有效磷含量为100 ~ 200mg/kg时，改性沸石的推荐用量为每亩300kg。

（3）**改性沸石的施用方式**。硫酸亚铁改性沸石的施用主要有两种方式：底施和混施。底施，是将改性沸石铺在距离土壤表面20cm的位置；混施，是将改性沸石与表层土混合。大量试验发现，底施的效果优于混施。

（4）**改性沸石的施用周期**。设施中，改性沸石一年应用两次的效果优于一年应用一次。

3. 功能与效果

（1）硫酸亚铁改性沸石与磷反应，能够显著降低设施土壤有效磷的含量。

（2）硫酸亚铁改性沸石将过高的磷钝化，可以降低土壤磷的淋溶。

(3) 因为磷与土壤中多种中微量元素有拮抗作用，因此，钝化过高的磷能够间接提高土壤中微量元素的有效性。

4. 适用条件或范围

有效磷含量超过100mg/kg的设施土壤均可适用本技术。

5. 实施案例

案例1：2018年，北京市房山区伊农园种植专业合作社，种植作物为番茄。土壤有效磷含量初始值为312.20mg/kg，在磷肥减量30%的情况下，施用改性沸石（每亩600kg）后，表层土壤有效磷含量降低了42.68%。

硫酸亚铁改性沸石在设施番茄上的应用

案例2：2018年，北京市房山区泰华芦村种植合作社北二区5# 温室，种植作物为茄子。土壤有效磷含量初始值为384.48 mg/kg，施用改性沸石（每亩500kg）后，表层土壤有效磷含量降低了16.85%。

硫酸亚铁改性沸石在设施茄子上的应用

6. 联系人

陈延华，王甲辰。

六、菜田土壤高氮、磷残留养分高效利用技术

1. 技术简介

根据设施菜田土壤有效养分形态及含量，考虑蔬菜根系特征相关指标及不同生长阶段的养分需求规律，在合理优化减量施肥的基础上，利用促根技术及地下隔膜措施充分利用土壤中养分，促进其向作物根系输送供给，减少氮、磷淋失，同时结合地上部及时补充土壤缺失元素等措施，形成土壤–作物系统中氮、磷养分高效运转技术措施。该技术模式能高效利用菜田土壤原有固持的土壤氮、磷养分，降低其在土壤残留量和往下迁移的风险，可以减少外源养分输入和生产成本，维持良好的土体生态环境质量，具有较好的经济和环境效益。

2. 技术要点

（1）种植蔬菜品种选择以根系较浅的须根系作物为主。

（2）将促根剂和微生物菌剂施入浅层土壤并用旋耕机充分混匀。

（3）在须根系蔬菜作物生长行距30cm左右范围，距地表20cm处铺设一层隔膜，隔断土壤过多氮、磷养分往下迁移。

（4）地下隔膜铺设模式即平整型或者“凵”型，覆膜宽度根据作物根系生长广度和体积而定，一般选择与行距同宽即可。

土壤隔膜养分高效利用示意图

3. 功能与效果

该技术实施后能够有效减少肥料

投入，节约肥料资源，降低农民蔬菜生产成本，还可高效利用菜田土壤中过多残留氮、磷养分，阻断其淋失行为对土壤环境质量及地下水水质的安全污染风险，同时可提升菜田土壤持续生产力，创造较好的经济社会效益和生态环境效益。

4. 适用条件或范围

该技术适用于多年高肥料用量投入、土壤氮磷养分累积严重、土壤养分之间比例严重失调、养分利用率低且对土壤质量造成一定生态环境风险的菜田土壤。

5. 实施案例

在北京市农林科学院试验基地开展对叶菜（快菜）土壤高氮、磷养分利用研究中发现，使用该技术后，快菜的叶绿素a/b值明显提高（叶绿素a/b值表明植物利用光能力的大小，叶绿素a/b值越大，作物利用光能力越强）；同时，快菜生物量提高10个百分点左右，由于快菜生物量变化说明其本身可以从土壤中多带走作物生长所需要的养分，从而降低菜田土壤过量残留的氮、磷养分，能够显著降低快菜根层及根下土壤硝态氮含量，对根层土壤有效磷含量降低具有显著效果。

6. 联系人

马茂亭，康凌云。

七、设施菜田填闲作物种植防控氮、磷淋失技术

1. 技术简介

针对多年连作温室或土壤盐分含量高的温室，在主要种植作物收获后利用夏季休闲期间种植填闲作物，利用其较深的根系吸收利用土壤氮磷等养分、降低菜田氮磷淋溶损失，且通过秸秆还

田将所吸收的养分转移给下季作物，不仅可以避免养分浪费，而且对改善土壤微生物结构也有良好效果。如一般夏季（7—9月）为设施菜田的休闲期，在此休闲期间种植一季生育期为80d左右的填闲作物，并在填闲作物收获后将秸秆粉碎还田，部分替代下季蔬菜的基肥施用。具体模式如下图。

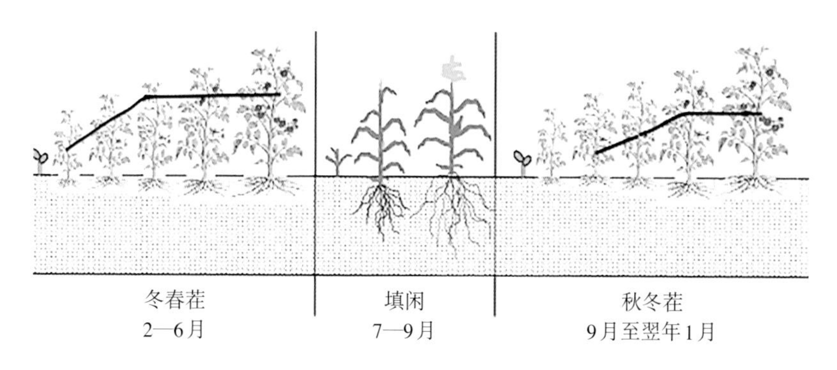

填闲作物种植模式

2. 技术要点

（1）填闲作物的播种量应适当增加，可以是常规播种量的2倍或数倍；适当增加密度，可增加吸收面积，提高秸秆的产量。如种植玉米时可选择种子价格便宜、生长速度快、生长量大的青贮类型品种。

（2）种植填闲作物不以收获果实为目的，快速生长期应与夏季的高温多雨时节重合，种植期应尽量缩短，不影响下茬种植前的土壤消毒、翻耕与作畦等操作，因此，要合理安排播期，如5月底拉秧后进行播种，生长2个月，8月初开始消毒与作畦。

（3）填闲作物种植前期可以不揭除棚膜，保持温室内温度，有利于种子快速出芽和生长；在生长的中后期，要揭除棚膜，促进其快速生长，并使土壤接受自然降雨冲淋。

（4）种植十字花科作物，如西兰花，将秸秆翻入土壤后可起到生物熏蒸和消毒的作用。

（5）种植玉米等作物，高度可达到2 ~ 3m，生物量较大，应先刈割成2 ~ 3段，再用旋耕机粉碎翻耕，防止一次性翻耕缠绕损伤机械。

（6）旋耕2 ~ 3遍，使秸秆与土壤充分混合，结合消毒和施基肥，覆盖地膜，提高土壤温湿度，加速秸秆腐熟分解。

3. 功能与效果

（1）减轻病虫害。促使蔬菜与其他作物间进行轮作，改变作物种类和栽培管理措施，使设施内病原菌和害虫的寄主发生变化，改变土壤生态环境和食物链组成，从而减轻病害、克服连作障碍。

（2）改善土壤结构。填闲作物根系特点和深度与主栽蔬菜完全不同，收获后的新鲜秸秆翻入土壤后快速分解，有助于提高土壤有机质含量，改善土壤物理性状。

（3）调节土壤肥力状况。填闲作物不用施肥，可以从土壤中吸收和消耗前茬蔬菜种植时残留的多余养分，并将土壤中无机态的养分固定为有机态，协调土壤养分供应关系，减少土壤剖面无机氮残留，降低含盐量，避免次生盐渍化的发生，维持土壤的化学稳定性，有利于蔬菜的连续种植和产量、品质的提高。

4. 适用条件或范围

本技术主要针对设施蔬菜栽培中传统的水肥管理及连作障碍问题所引起的土壤养分累积、土壤退化、养分淋洗等环境问题而拟定，并阐述了填闲作物的选择、优势及应用效果。适用于华北地区，通过优化的种植管理模式，在传统的高产栽培技术基础上达到高产高效的目标。

5. 实施案例

在北京市房山区北京龙人腾业生态园、大兴区农业技术示范站等设施菜田夏季休闲期种植甜玉米、高粱，在没有任何肥料投入的情况下，利用残留在土壤中的氮供应甜玉米、高粱生长，其经济产量和生物产量都达到了较高水平，说明在当前施肥状况下，设施菜田残留氮可以满足夏季休闲期甜玉米、高粱的生长。可有效减少土层剖面中的氮、磷含量，填闲作物种植处理在0 ~ 60cm土层中土壤硝态氮减少量明显，这可能与甜玉米、高粱根系主要分布在0 ~ 60cm土层区域有关。而0 ~ 60cm无机氮的拦截作用来自填闲作物对根层氮的吸收利用以及由于植株蒸腾作用引起的水分上移。在对日光温室黄瓜进行推荐施肥的基础上，甜玉米、高粱作为夏季填闲作物的种植可以将体系的氮肥利用率提高7.2%，减少16%的氮损失，并未显著降低下季黄瓜的产量。

与填闲作物秸秆不还田的处理相比，甜玉米、高粱的秸秆还田并不降低体系的氮损失，但秸秆的添加改变了氮发生损失的时期，减少了黄瓜生长前期的损失风险。

采收填闲蔬菜可增加收入

填闲玉米生物量大、“拔地”效果明显

耐热性好、生长速度快的作物适宜填闲种植

填闲作物可适当密植

6. 联系人

康凌云，左强。

八、设施果菜半封闭基质栽培氮、磷污染防控技术

1. 技术简介

该技术采用下挖式半开放基质栽培，通过将作物根系集中于有限空间的基质中，最大程度实现水肥施用效果，从而减少水肥投入，减少氮、磷养分淋失。

2. 技术要点

（1）**土壤开沟**。土壤平整后，开梯形沟，沟上宽度30cm，下宽度15 ~ 20cm，深度15cm左右，畦宽（行距，两沟之间距离）120cm。

（2）**塑料膜铺设**。选择质量相对较好、较厚的塑料膜（使用期限长于3年），进行两边对称铺设，底部留有10cm空隙，便于土壤和基质进行水、肥、气、热交换，底部用透气透水的无纺布隔

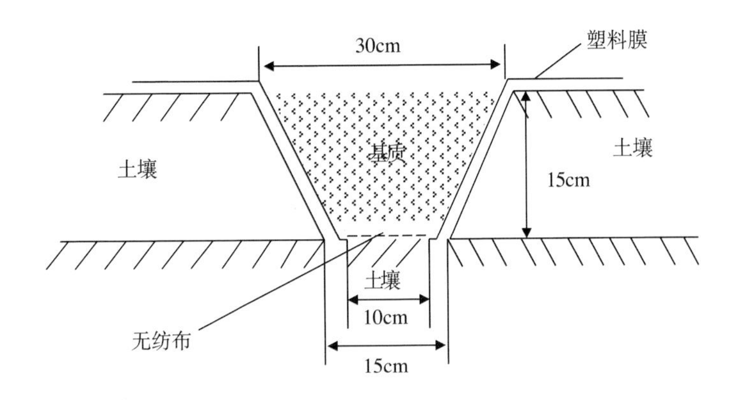

半封闭基质栽培截面示意图

操作实景图

离土壤，有利于将作物根系集中在基质层。

（3）**基质选择与填埋**。基质可选草炭、椰糠或发酵完全的有机废弃物复合基质，基质填埋至与沟上沿地面相平即可，随着每茬种植适当补充。

（4）**滴灌施肥系统**。滴灌施肥采用常见的施肥罐或文丘里施肥器，铺设常规滴灌带，每畦宜铺设2根滴灌带，确保灌溉施肥相对均匀。

（5）**定植**。采用单垄单行种植，株距25～30cm为宜，采用两边交错吊蔓，有利于通风和光照。

3.功能与效果

与传统土壤栽培技术相比，半封闭基质栽培技术能使作物根系生长在相对集中的区域内，可以实现作物高效施肥。以番茄栽培为例，此技术可以节水30%以上，节肥25%以上，有效减少养分随水淋失。与封闭式无土栽培技术相比，半封闭基质栽培技术由于没有离开土壤环境，因此受天气变化影响较小，兼具土壤缓冲性，对技术、成本要求较低，一次开沟铺膜可以连续生产3～5年，实现免耕，节省劳动力。此技术还可以解决作物连作障碍问题。

4.适用条件或范围

该技术主要适宜种植瓜果类蔬菜，可用于大棚、日光温室和连栋温室，特别适宜用于连作障碍严重的设施菜田。

5.实施案例

该技术在北京市农林科学院植物营养与资源环境研究所展示温室连续应用多年，在大兴区长子营镇北辛庄村进行了应用示范，节水、节肥和减少氮磷淋溶效果显著。

6.联系人

廖上强。

九、草莓套种番茄氮磷污染防控技术

1. 技术简介

草莓是一种经济效益高的作物，农民为了追求产量和经济效益，大量施用肥料。据调查，北京地区一茬草莓每亩纯氮投入量33 ~ 60kg，氮表观盈余21 ~ 40kg；磷投入量30 ~ 50kg，磷表观盈余24 ~ 42kg。草莓收获后土壤残留大量氮、磷养分（如下图），随着草莓拉秧后大水灌溉闷棚，土壤中的氮、磷养分大量随水淋溶。本技术在草莓生长后期，草莓品质和效益开始降低时开始套种番茄，番茄茬不施肥或极少施肥，利用番茄充分吸收草莓茬大量残留的氮、磷养分，减少氮、磷残留，番茄在7月中上旬采收完毕拉秧，不影响土壤闷棚消毒，有效减少氮、磷淋溶面源污染。

草莓土壤养分残留

2. 技术要点

（1）**套种时间**。在华北地区4月左右，草莓病虫害开始暴发，草莓品质下降，商品性差，效益低下，套种时间宜在3月底到4月初，在两棵草莓之间套种一株番茄（以鲜食品质番茄效果佳）。

（2）**套种后田间管理**。随着番茄生长，草莓效益进一步降低，在5月初拉秧草莓，清理草莓残茬，营造良好番茄生长环境。

（3）**番茄茬水肥管理**。番茄水肥管理以浇水为主，可不施肥，在番茄后期如果出现脱肥现象，可以追施一次高钾水溶肥，每亩用量不超过5kg。番茄可留3 ~ 4穗果后打尖，7月中上旬收获拉秧，拉秧后大棚可按常规操作采取高温闷棚等土壤消毒措施。

3. 功能与效果

套种番茄后，测定土壤不同层次无机氮、有效磷含量。与草莓常规种植相比，0 ~ 20cm、20 ~ 40cm、40 ~ 60cm土层土壤无机氮含量分别下降48%、65%、63%，土壤有效磷含量分别下降17%、27%、14%，有效减少土壤氮、磷养分在土层残留和淋溶。

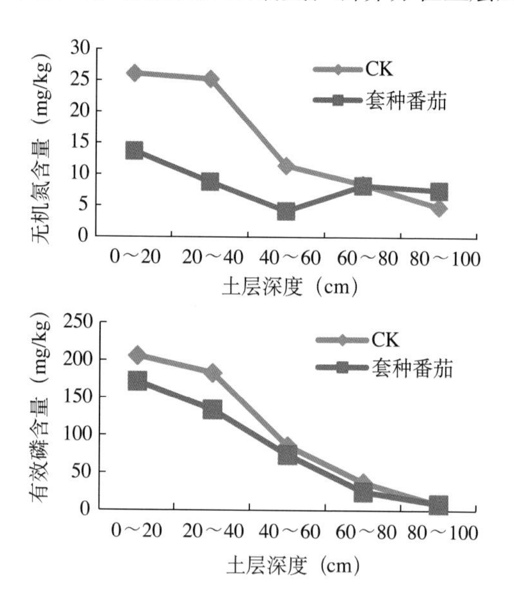

对照（CK）与草莓套种番茄后0 ~ 100cm土壤氮、磷残留对比

4. 适用条件或范围

本技术适用于华北地区设施草莓，其一般为8—9月定植，第二年4—5月拉秧。

5. 实施案例

该技术近年来在北京市顺义区兴农天力农业园进行了应用示范，番茄茬不施肥或少施肥，实现番茄亩产量4 000kg，每亩增收

兴农天力农业园示范效果

效益2 000 ～ 3 000元，有效降低土壤氮、磷残留。

6. 联系人

廖上强。

十、日光温室叶类蔬菜东西向种植技术

1. 技术简介

设施农业是利用工程技术手段和工业化生产方式，为植物生产提供适宜的生长环境，使其在最经济的生长空间内，获得最高的产量、品质和经济效益的一种高效农业。

温室东西向栽培也可称作长向栽培，就是沿着温室的最长方向开展栽培的方法，由于通常温室都是坐北朝南，传统上是南北种植，改为东西方向种植，由于种植方向的加长，极大地有利于开展各种机械设备的操作。由于东西向种植是在等光线、等温线上栽培，其长势不一致，水肥管理上可以实现差异化，可以大大减少水肥和农药的投入，从而减少设施蔬菜的面源污染风险。

2. 技术要点

（1）改变种植方向。将南北向的低平畦，改变为东西向高平

畦，可省去温室北部过道，增加7%～8%的种植面积。

（2）**机械操作**。利用开沟机作畦，安装轨道运输车等操作平台，减少人工。

（3）**节水灌溉**。将大水漫灌改变成畦上（膜下）滴灌，水肥一体化节水、节肥，温室内湿度降低，病害发生概率降低。

（4）**机械定植**。将人工定植改变成小型移栽机（或定植打孔器）定植，株行距可调，深浅可调，定植整齐，效率提高。

（5）**精准管理**。沿温室内等温线、等光线差异化管理，管理更加精准，生长趋于均衡，优质品率提高。

（6）**分畦收获**。按照等温线、等光线原则分畦收获，利于机械化、标准化采收。

机械化翻耕起垄

生菜的东西向栽培

3. 功能与效果

温室东西向栽培技术，能够节本增效、实现经济效益和环境效益双赢，具体总结为“六宗最”。一是最省工。机械化贯穿整个栽培过程，包括耕地、作畦、铺滴灌带、铺膜、运输、收获。二是最节地。东西向栽培，减少过道，北侧过道取消，节地7%～8%。三是最节水。温室南、北边光温差异，作物长势不一致，需水量不同，实现差异化供水。四是最节肥。南北长势表现区域差异，节水基础上，肥料亦实现差异化管理。五是最节药。

东西向平高畦，采用滴灌或微喷，加铺膜，温室湿度低，病害发生概率少，农药减少用量。六是最有利于标准化。东西向栽培中，同一长向栽培管理一致、作物质量标准一致（等光温），有利于标准化应用。

4. 适用条件或范围

叶菜东西栽培可以应用在温室叶菜栽培中，温室构造要便于机械化操作。

5. 实施案例

该栽培技术已经在北京、河北、山东等地开展示范，并且取得了较好的效果。每茬口可节省人工10个，节水节肥30%～50%，每亩增加效益700～1 000元。温室东西向栽培具有增加种植面积，减少劳动力，节水节肥，便于精细化、标准化管理等优点，为轻简化发展提供方向，在未来现代农业生产中具有广泛的应用前景。

大兴生菜东西向栽培示范

6. 联系人

孙焱鑫。

十一、基于N/P的有机肥料农田限量推荐指标构建与应用

1. 技术简介

以畜禽粪便为主要原料的有机肥料 N/ P_2O_5（以下写作N/P）

约为1，与蔬菜N/P需求比2～4存在较大差异。为减少有机肥源磷在土壤中的大量累积，以N/P为依据进行农田限量推荐，利于降低农业面源污染风险。

2. 技术要点

基于N/P的有机肥料农田限量推荐指标计算方法，需明确有机肥料种类、有机肥料氮（磷）含量、作物氮（磷）吸收量、土壤供氮（磷）量和有机肥料氮（磷）矿化系数等指标。

（1）**有机肥料种类确定**。不同原料来源的有机肥料，N/P有差异且氮、磷矿化系数不同，因此，首先确定有机肥料种类。N/P为1～2的有机肥料，以磷为依据进行用量计算；N/P大于2的有机肥料，以氮为依据进行用量计算。

（2）**以氮（磷）为依据计算肥料用量**。需明确作物氮（磷）吸收量、土壤供氮（磷）量、有机肥料中氮（磷）含量以及氮（磷）矿化系数（或当季利用率）。以上数据可通过田间试验和实验室测试获得。不具备田间试验和测试条件的，可通过查阅文献获得。

（3）**基于N/P的有机肥料农田限量推荐**。前提是当地土壤重金属含量不超过土壤污染风险筛选值。

有机肥料用量计算公式：有机肥料用量=[作物吸氮（或磷）量－土壤供氮（或磷）量]/[有机肥料氮（或磷）含量×氮（或磷）矿化系数]。

3. 功能与效果

依据N/P确定有机肥料推荐量，有效减少磷在土壤中大量累积，利于提高肥料利用率、减少养分浪费和降低环境面源污染风险。

4. 适用条件或范围

本技术适用于土壤重金属污染风险较小的区域。对于重金属污染风险较大的地区，有机肥用量推荐应以土壤重金属容量计算。

5. 实施案例

北京延庆绿菜园蔬菜专业合作社以种植有机蔬菜为主，每年施用1～2次有机肥，土壤磷大量累积。为减少磷在土壤中的累积，自2015年起，以磷为依据计算有机肥用量，减少了有机肥的投入，降低磷累积效果明显。

6. 联系人

孙钦平，许俊香。

十二、根深差异蔬菜间套作技术

1. 技术简介

随着农业种植结构的调整以及人民生活水平的提高，蔬菜种植在我国农业中占据重要位置，是农民增收的重要途径。但是蔬菜生产中，由水肥投入大引起的环境污染风险不容忽视。根深差异蔬菜间套作技术模式，是指在较浅根系的叶菜类蔬菜中引入较深根系的果菜类蔬菜进行间套作，充分利用资源，减少水肥投入，提高生物总产量。该技术模式具有节能减排、高产高效的特点，是环境友好种植模式，将在未来农业持续发展中占有越来越重要的地位。

2. 技术要点

（1）**品种的选择**。保证作物间作种植环境范围的适应性与一致性。选择形态特征、生育特征等各方面相互适应的农作物品种。

（2）**品种的搭配**。选择不同根系深度的蔬菜进行间作，如较深根系的番茄、茄子等果菜类蔬菜，较浅根系的小白菜、生菜、茴香等叶菜类蔬菜。

（3）**种植密度的要求**。按照作物生长的实际情况，确定作物种植条带的宽度，确定合适的种植密度，提高田间光能的利用率。间作条件下的行距$R=1/2R(D)+1/2R(S)$，其中D代表深根系蔬菜，S代表浅根系蔬菜。套作条件下，为了充分利用土地面积，深根系作物可以按照正常行距来操作，在生长后期，把叶穗下面的叶片打掉，撒播喜阴的叶菜类蔬菜种子。

（4）田间管理注意事项。间套作在实际操作及管理方面较单作烦琐，而且矮秆作物与高秆作物进行间作会产生边行劣势，因此，作物选择一定要考虑适宜性，同时，要注意行间距、光照、温度等的影响。

果/叶菜类蔬菜间套作示意图

3. 功能与效果

（1）由于不同作物生态位差异，该技术模式充分利用空间、土地、养分、水分及气候资源，提高复种指数，提高生物总产量。

（2）高秆作物由于通风透光条件好，具有明显的边行优势，增加产量，提高养分利用率。

（3）提高生物多样性及土壤质量，减少病虫害。

（4）减少肥料和农药用量，降低环境污染。

4. 适用条件或范围

根深差异蔬菜间套作技术主要适宜于施肥量过高造成土壤氮、

磷养分累积过多，对土壤环境质量造成一定潜在影响的传统高施肥蔬菜种植生产模式。

5. 实施案例

2010年，在密云十里堡保护地和太师屯露地分别开展胡萝卜和生菜间作、茄子和大葱间作，氮、磷化肥投入减少20%～40%，产量保持稳定，减少了土壤硝态氮的残留量和淋洗量。

直立生菜和胡萝卜间作

茄子和大葱间作

2016—2020年，在河北饶阳进行番茄套种叶菜类蔬菜，土壤硝酸盐累积减少30%左右，实现了增产增收，减少了土壤硝态氮的残留量和淋洗量。

番茄套种叶菜

6. 联系人

杜连凤，马茂亭，康凌云。

十三、蔬菜水氮精准施肥模型控制氮肥面源污染技术

1. 技术简介

蔬菜生产中水氮资源消耗大，浪费和损失较为严重。采用精准技术与模型决策是提高资源利用率的重要手段。蔬菜作物水氮精准模拟决策模型（VegSyst-DSS）是西班牙阿尔梅里亚大学开发的一种模拟决策系统，用于精确计算作物每天的生物累积量和氮素吸收量，并做出水肥推荐。氮肥需求量根据作物对氮的吸收、土壤含氮和有机质矿化氮及各种氮源的利用率确定。灌溉量是基于作物蒸散量（ET_c），并考虑应用效率和作物系数而计算的。北京市农林科学院植物营养与资源环境研究所与西班牙阿尔梅里亚大学合作，首次将VegeSyst-DSS模型引入我国，并在设施番茄生产中进行参数校正与模型拟合，获得了高度吻合的番茄生长模拟模型，可以输出每天的水氮供应量，为实现番茄高产与水氮高效利用提供支撑。

2. 技术要点

（1）VegSyst-DSS模型是基于区域气候环境开发的面向农田应用的模拟决策系统，根据区域光温资源为作物匹配每天健康生长所需的水氮资源数据，是适应区域资源特点建立水氮精准管理技术的基础。VegSyst-DSS模型由模拟模块和决策模块组成。输入项由太阳有效辐射、空气温度和相对湿度组成，输出项包括每天的生物量、氮吸收量、灌水量、供应浓度等，模拟参数包括作物截获光合有效辐射量（$f_{i\text{-PAR}}$）、累计热时间（CTT_i）、辐射有效利用率

（RUE-1）和作物系数（kc）等。

（2）为适应不同气候条件下对作物生长和吸氮量的精准模拟，需要筛选最佳吸氮模型，将季节辐射利用效率、作物截获光合有效辐射基准比例（f_0）、作物截获光合有效辐射最大分数（f_f）等参数反复比较验证，与田间作物生长实测值进行校正，选定氮素吸收模型为$Ni = a \times TDMib$；按照FAO标准公式计算ET_c，根据模拟结果选定$f_{i\text{-PAR}} = e^{-k \times LAI}$，从而计算作物截获光合有效辐射$f_{i\text{-PAR}}$与作物系数$kc$，最终算出作物生物量与水分消耗量。

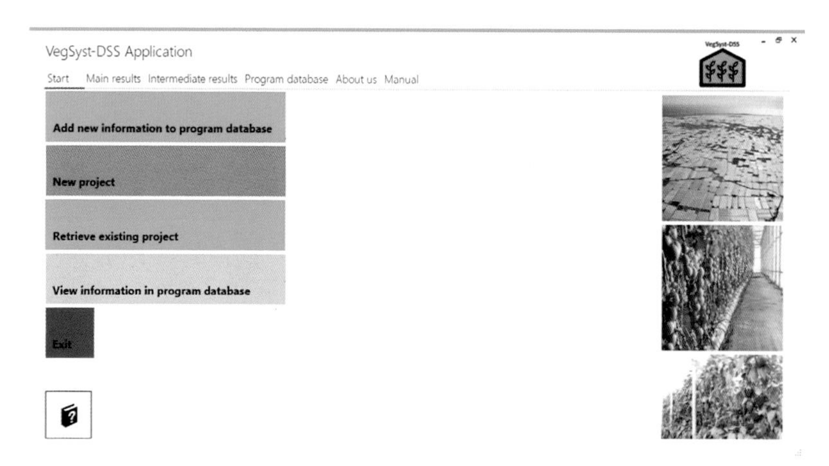

模型初始界面

3. 功能与效果

（1）输入简单，仅需要把每天的空气温度和相对湿度、光照数据输入。

（2）通过计算并筛选合适的模拟方程，以获得最优模拟值。

（3）输出精确，为每天提供精准的水氮数量和水肥浓度。

（4）实际应用中可以与水肥一体化智能设备结合使用，为智能设备提供灌溉控制程序。

4. 适用条件或范围

该技术适用于具备环境监测或可以获得环境数据的地区，在设施蔬菜生产中用于水肥一体化灌溉过程。

5. 实施案例

北京市房山区设施番茄VegSyst-DSS模型应用技术与效果：模型参数校正时需要对作物生长参数、用水参数和临界氮稀释曲线参数进行调整。当模型模拟值与实测值之间的误差达到最小时，获得对应校正参数值。

VegSyst-DSS模型中的符号、单位和参数说明

符号	单位	说明
$f_{i\text{-PAR}}$		作物截获光合有效辐射的比例
$f_{i\text{-SR}}$		作物截获太阳辐射的一部分
$\triangle DMP_i$	Mg/（hm^2 · d）	地上干物质生产日增量
DMP_i	Mg/ hm^2	一天内累积的地上干物质产量
T_{base}	℃	基准温度
CTT_i	° /d	第i天的累计热时间
RTT_i		第i天的相对热时间
f_0		移栽作物截留光合有效辐射的比例
f_f		作物截获光合有效辐射的最大分数
$RTT_{0.5}$		$f_{i\text{-PAR}}=0.5\times$（$f_0+f_f$）的相对热时间
CTT_f	° / d	最大光合有效辐射截获的累计热时间
α		方程拟合系数
RUE-1	g/MJ，PAR	春秋季辐射利用效率
RUE-2	g/MJ，PAR	寒冷冬季（1月1日至3月1日）辐射利用效率
kc_{ini}		初始作物系数

（续）

符号	单位	说明
kc_{max}		最大作物系数
kc_{end}		结束作物系数
a		DMP=1t/ hm^{2}时干生物量中的氮含量
b		方程拟合系数

两种密度条件下作物生长参数和用水参数校正值

作物生长参数	密植	稀植
T_{base}	10	10
f_0	0.02	0.02
f_f	0.73	0.73
$RTT_{0.5}$	0.407	0.407
CTT_f	798	798
α	9	9
RUE-1	3.60	3.20
RUE-2	4.80	4.80
用水参数		
kc_{ini}	0.4	0.2
kc_{max}	1.80	1.32
临界氮稀释曲线参数		
a	4.78	4.35
b	−0.327	−0.327

注：此数据为温室番茄在两种密度条件下，作物生长参数和用水参数经过校正后的数值。

在确定好参数的基础上，将密植与稀植的干物质量、吸氮量和灌水量（不同畦的平均值）实测值和模拟值进行对比，可以看出，模拟值和实测值随时间的推移，干物质量和吸氮量呈上升趋势，两种数值相似度较高。

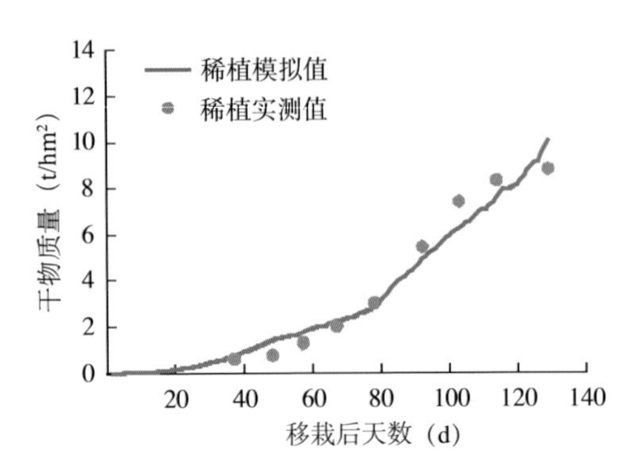

稀植模拟值
稀植实测值
干物质量（t/hm²）
移栽后天数（d）

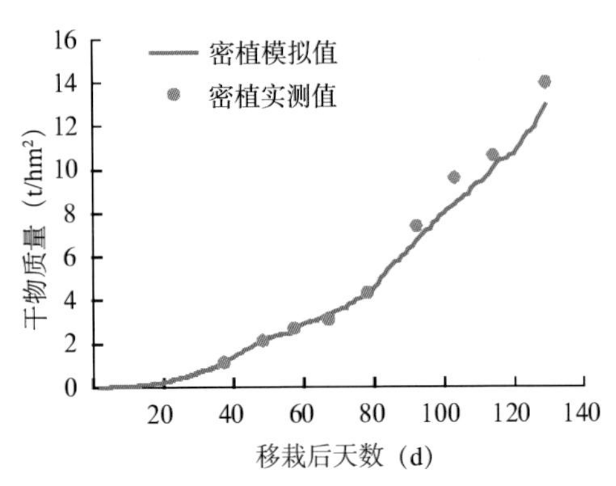

密植模拟值
密植实测值
干物质量（t/hm²）
移栽后天数（d）

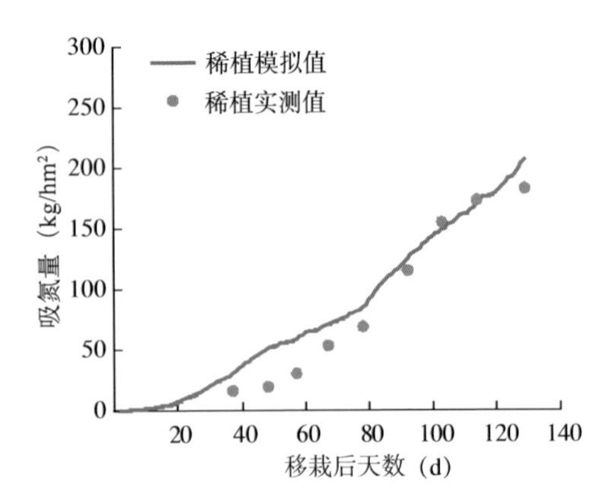

稀植模拟值
稀植实测值
吸氮量（kg/hm²）
移栽后天数（d）

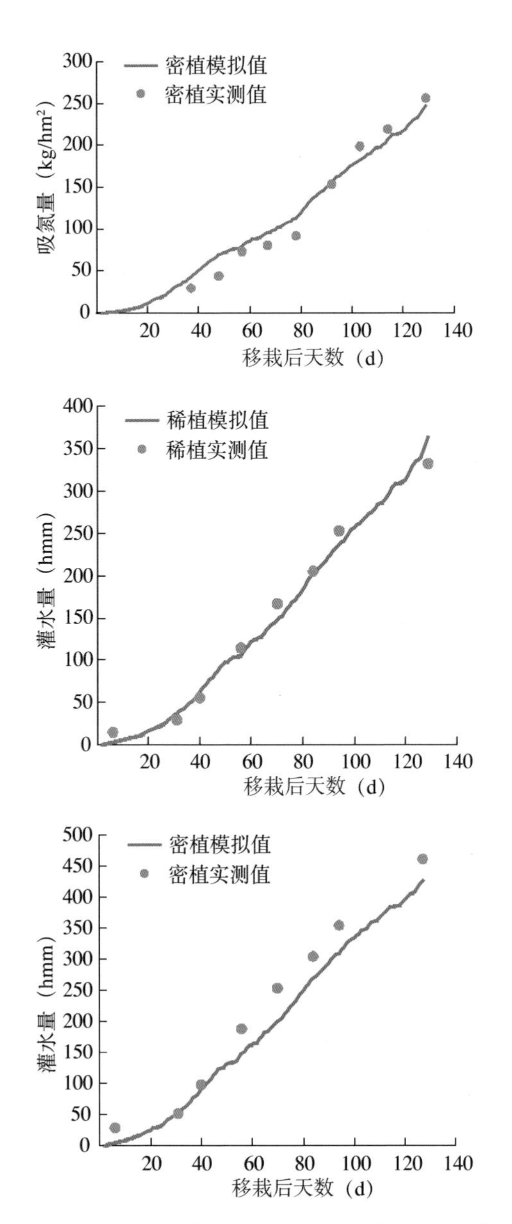

温室番茄不同密度下不同畦干物质量、吸氮量和灌水量实测值与模拟值对比图

本研究通过对番茄的地上部干物质量、吸氮量和灌水量变化进行分析，表明番茄地上部干物质量、吸氮量和灌水量随移栽时间的动态变化符合VegSyst-DSS模型，模拟值和田间实测值拟合精度较高。通过VegSyst-DSS模型推荐，在稀植条件下，推荐平均灌水量和施氮量分别为361.7 mm和204.9 kg/hm^2；在密植条件下，推荐平均灌水量和施氮量分别为426.7 mm和232 kg/hm^2，节水8%，节肥10.6%。

6. 联系人

杨俊刚。

十四、张力计控制灌溉技术

1. 技术简介

农业生产用水在国民经济各部门总用水中所占比例将近70%，同时农业生产用水又存在巨大的水资源浪费问题。节水技术应用是农业节水的核心。尤其根据作物需水特征进行灌溉定额/灌水定额管理以及作物耕层水分控制管理具有重要的生产应用价值。张力计控制灌溉技术借助张力计监测土壤湿润层含水量，及时调控作物水分供应，以适时适量方式，满足作物生长期间的水分实时定量需求。技术的应用可防止过量灌水，防控以水带肥引起的土壤氮、磷淋溶损失。

2. 技术要点

（1）土壤湿润层含水量的监测深度。蔬菜作物根系集中在0 ~ 40cm土层，该区间土壤含水量变化基本可反映作物水分需求。根据蔬菜作物类型和品种的不同，土壤计划湿润层厚度在20 ~ 40cm区间设定一个具体的监测土层深度。

（2）土壤计划湿润层体积含水量阈值控制。土壤灌水下限为60%，上限为90%～95%。生育前期控制60%～80%，中期70%～90%，后期60%～80%。

（3）**土壤计划湿润层水吸力与体积含水量的换算**。$x=0.52\times[1+(6.5\times h)^{11}]^{-0.01}$。式中：$x$为土壤体积含水量；$h$为土壤水吸力。公式由土壤样品水分特征曲线测算得到。

（4）**监测土壤计划湿润层水吸力的时间及频次**。每天定时定点监测1次，土壤含水量超出阈值后，启动灌溉阀。

（5）**单次灌水启动时间**。计划湿润层土壤体积含水量达到或超出所设定的灌水控制下限时开始灌水。

（6）**单次灌水量值**。$y=(x_2-x_1)\times H\times R\times S$。式中：$y$为目标区域单次灌水量；$H$为计划湿润层厚度，设定为30cm；$R$为计划湿润比，即计划湿润层土壤灌水后实际湿润的体积占总体积的比例，设定为0.5；S为目标区域面积。

3. 功能与效果

（1）通过张力计测定的土壤水吸力换算成体积含水量控制灌水上限和下限，可优化灌水频次、灌水周期和单次灌水定额，促进蔬菜生长和增加蔬菜产量。

（2）控制灌溉定额，明显减少灌水投入及水分无效损耗，降低以水带肥引起的土壤氮、磷淋溶淋失。

4. 适用条件或范围

张力计控制灌溉技术适用于水分管理粗放、蔬菜产出量低、病虫害严重、灌水损失量大、土壤氮磷淋溶损失风险大的种植区。

5. 实施案例

2016年，张力计控制灌溉技术分别在北京房山韩村河蔬菜基地和北京平谷东高村蔬菜基地的日光温室开展了芹菜和生菜应用示范。芹菜生产中，全生育期灌水减少了35%；生菜生产中，全生育期灌水减少了43%。该技术在两个基地的应用，实现土壤0～20cm、20～40cm和40～60cm土层土壤硝态氮含量分别降低23%、35%和30%，土壤有效磷含量分别降低16%、26%和13%，有效减少土壤氮、磷淋溶淋失。

张力计控制灌溉技术在芹菜生产中的应用

6. 联系人

李艳梅，杨俊刚。

十五、设施菜田小高畦膜下沟灌技术

1. 技术简介

设施蔬菜生产中灌溉设备简单、栽培技术不成熟、缺乏合理有效配套的节水措施引起设施养分淋失、土壤酸化、次生盐渍化等一系列问题，同时超量灌水造成设施内部空气相对湿度增加，极易诱发设施内作物大规模病害，严重影响蔬菜的正常生长发育，造成产量和水肥利用率的降低，制约了设施蔬菜生产的长远发展。小高畦膜下沟灌技术是对传统地面灌溉技术的改良，通过宽窄行的作畦方式和覆盖地膜技术，使水从膜下的灌水沟流过并浇灌作物。采用该项技术可减少整个生育期的灌水次数，节水节电，提高土温，降低棚内湿度，减少霜霉病等病害的发生率，实现经济效益、环境效益双赢。

2. 技术要点

（1）畦高以16 ～ 20cm为宜。

（2）畦宽可根据种植作物来决定，果菜多采用宽窄行，宽行60 ～ 80cm，窄行40 ～ 50cm，叶菜多采用80cm小高畦。

（3）畦向可以是南北向也可以是东西向。

（4）作畦后在畦上开沟，在沟上覆盖地膜并压严。

（5）作物种植可选择膜下条播：幼苗生长至2 ～ 3片真叶时，开始按株距25 ～ 45cm破膜放苗 ，每穴留2 ～ 3株。或膜上点播：要及时破膜放苗，每穴留2 ～ 3株，在4 ～ 6片真叶时定苗。

（6）定植后灌溉施肥均采用膜下沟灌，按照作物生长发育各阶段对养分的需求，可少量多次、合理供应，使化肥通过沟灌系统直接进入作物根区，达到水肥高效利用的目的。

3. 功能与效果

（1）控制湿度。小高畦膜下沟灌技术可降低棚内空气相对湿度，降低植株发病率，延缓病害发生和蔓延时间。

（2）增加温度。5cm地温平均增高1.1℃，气温平均增高2.3℃，果菜类增产10% ～ 15%，叶菜类增产5% ～ 10%。

（3）节水节肥。节水30% ～ 45%，减少氮肥损失，提高肥料利用率。

（4）操作简单易推广。由于滴灌系统需要较高的投资且对运行管理的要求严格，运行时滴头容易堵塞，对灌溉水的水质要求较高，且滴灌灌水频繁，每次灌水又耗时较长，相比之下，膜下沟灌技术更易于推广，特别是在经济欠发达的地区。

4. 适用条件或范围

小高畦膜下沟灌技术广泛适用于设施菜田果菜及叶菜种植，特别适用于水质差、经济不发达、推广滴灌难度大的地区。

5. 实施案例

2015年起，在北京市大兴区农业技术示范站开展设施生菜–芹菜小高畦膜下沟灌研究。在节水30%的前提下，小高畦膜下沟灌处理下蔬菜整齐度高、净菜率高、商品性好，增产5.5%，淋溶降低40%，减少氮损失。

设施生菜–芹菜小高畦膜下沟灌种植

6. 联系人

杜连凤，康凌云，邹国元。

十六、分散型小规模重力滴灌技术

1. 技术简介

水肥一体化是当今世界公认的一项高效节水节肥农业新技术，主要根据土壤特性和作物生长规律，利用灌溉设备同时把水分和养分均匀、准确、定时定量地供应给作物，在我国设施农业中应用广泛。然而，我国当前的水肥一体化技术推广仍面临着安装和运行成本较高、技术产品不够配套、政策支持不够全面等现实难题，由此造成水肥一体化系统用一段时间就被放弃、被搁置的现象。

针对我国一家一户和落后的技术管理水平现状，重力滴灌系统应运而生。该技术指利用水位差为动力，无须消耗电能或其他能源，是一种低能耗运行的微重力滴灌系统。

2. 技术要点

（1）**重力滴灌系统的组成**。重力滴灌系统包括水源部分（蓄水池或水箱）、阀门控制部分、输水管道和滴灌管网。

（2）**重力滴灌**。利用水位差形成的水压，实现自然滴灌。其工作水头低，通常保持在1m左右，可以降低到0.5m，对水源没有特殊要求，无须动能运转，亦不用配备昂贵的压力系统。

（3）**重力滴灌系统的安装**。在大棚或温室合适位置（通常为温室西部）用砖、石或金属架，筑成1～2m至少能承受0.5～1m^3水的平台，放置水箱或蓄水池，底部部署阀门控制、管道管网等。

3. 功能与效果

（1）**简单便利**。重力滴灌系统简单、不需要动力、实用、工作压力低、供水均匀，节水效果、增产效果明显，已为越来越多用户所接受。

（2）**造价低廉**。通常每个标准大棚安装重力滴灌系统造价在500元左右，投资仅相当于微喷设施的1/3、传统滴灌投资的1/8。

（3）**节约用水**。与一般滴灌系统相比，同等流量的重力滴灌可灌溉10倍于一般滴灌条件下的面积，不产生地面径流和土壤深层渗漏。其水利用率达95%～98%，比喷灌节水45%，比漫灌节水60%。

（4）**节约肥料用量**。设施作物所需的追肥可投入蓄水池，经充分溶解、过滤后随水滴施，直接送达作物根际土层，简化了施肥方法，能有效防止肥料的挥发、流失，提高肥效。

（5）**降低发病率**。降低温室内湿度，提高地温，从而有效降低作物的发病率，提高产品品质和产量，经济效益显著。

（6）**维护方便**。运行成本低，维护方便，由于没有动力系统，其操作简单，基本不需要维护费用，只需对阀门和滴灌进行日常的检查。

4. 适用条件或范围

这种滴灌系统不仅适合于设施农业，也可应用于山地果树，可利用山地的自然高差而形成的压力水头，通过输水管送到田间。

设施菜田简易重力滴灌系统

果园简易重力滴灌系统

5. 联系人

孙焱鑫。

十七、多雨地区葡萄“两改一配套”生态栽培技术

1. 技术简介

葡萄是我国重要的水果作物，截止到2014年，我国葡萄的种植面积达到76.7万hm^2，年产量达1 250万t，由于其经济效益较高，多数葡萄种植中肥料和农药等投入较高。而在多雨地区，葡萄露地种植普遍存在肥料投入大、用药频繁、果品质量安全隐患多等突出问题，存在较高的农业面源污染风险。本技术针对以上问题，通过葡萄的避雨栽培、水肥一体等措施构建了葡萄“两改一配套”生态栽培技术，应用效果显著。

2. 技术要点

（1）改葡萄露天栽培为避雨栽培。根据实际需求，采用连栋大棚、单体大棚或简易大棚等方式进行避雨栽培，早春采用棚膜进行全覆盖升温促使葡萄早发芽、早开花。避雨栽培后雨水不再流经施肥区，降低了养分径流损失。

（2）改葡萄的套袋为不套袋栽培。不再采用传统葡萄套袋的栽培措施，去袋增加着色，并能防止高温高湿造成的烂果现象。

（3）配套水肥一体化技术。由于采用避雨栽培，葡萄生长过程中所需水分均来自灌溉，配套水肥一体化技术，可以达到节水节肥且减少径流损失。

3. 功能与效果

（1）促进葡萄的早育早熟、品质提升。研究显示，覆膜后，葡萄枝条明显较露天栽培粗壮，葡萄上市提早10 ~ 15d，葡萄着

色更加均匀，糖度提高。

（2）病虫害大幅度减少。覆膜处理较露天栽培处理平均每年减少打药次数30%，显著降低了农药残留的风险。

（3）葡萄产量显著提高。套袋栽培的葡萄在夏季雨水多的时候，雨水容易顺果串的柄基部进入果袋，遇到高温后容易腐烂，因此，造成葡萄产量损失。采用本项技术后，葡萄产量一般提高15%以上，经济效益显著。

（4）农业面源污染风险显著降低。葡萄施肥多集中于其根系，造成根际土壤养分含量偏高。覆膜后，雨水不经过根际土壤，直接流到种植区行间，因此，其养分流失大幅度降低。

4. 适用条件或范围

本技术适用于中国南方苏、浙、沪等多雨地区的葡萄种植园，除避雨措施外，需配备水肥一体化装备。

5. 应用案例

江苏宜兴某葡萄园采用本项技术后，将原来葡萄露天栽培的方式改成了覆膜栽培，去掉了葡萄的套袋，并配套了水肥一体化技术进行水肥管理，葡萄生育期和成熟期显著提前，产量提高15%，葡萄着色提升。湿度降低也减少了病害的发生，生育期内减少了3次农药的施用，经济效益显著提升。雨水不经过根际土壤，直接流到种植区行间，养分流失大幅度降低，其中径流水中总氮含量降低了76.5%、总磷含量降低了94.7%。

水肥一体化技术在葡萄园的应用

6. 联系人

孙钦平。

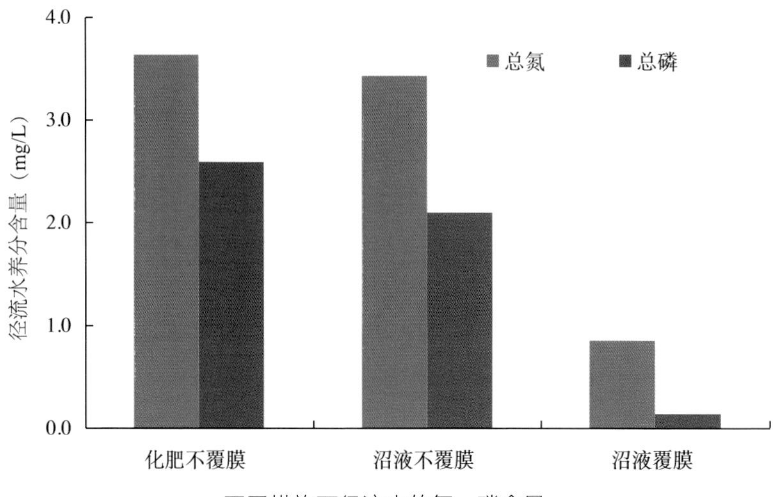

不同措施下径流水的氮、磷含量

养殖及种养结合农业面源污染防控技术

一、养殖废水氨氮高效提取技术

1. 技术简介

近年来，我国农业结构深化调整，集约、规模化畜禽养殖业快速发展，畜禽粪污对水体污染风险持续增加，畜禽养殖业污染在农业面源污染中的贡献更为突出，对畜禽养殖业污染的控制依旧是农业面源污染治理的重中之重。氨氮是养殖废水氮排放的主要形态，过量氨氮排入水体导致富营养化、破坏海洋环境。同时，氨也是农业肥料和化工行业中用到的高值化学品，当前制氨的手段极为消耗能源且对全球变暖贡献极大。该技术基于透气膜的气液分离作用，利用废水端与提取剂端氨氮的跨膜浓度梯度驱使氨气分子过膜与提取剂反应生成铵盐，可实现畜禽养殖废水氮回收并直接资源化利用，处理后废水氨氮浓度达到GB 18596—2001《畜禽养殖业污染物排放标准》要求，实现经济环境效益双赢。

2. 技术要点

（1）利用管式疏水透气膜组装制备功能化反应模块。通入酸性提取剂，在废水与提取剂两端气相氨氮分压梯度的驱动下，畜禽养殖废水中氨氮以气态氨分子形式脱出，透过疏水膜壁与提取剂反应生成液态铵盐，直接转化为速效液态氮资源。

（2）工艺流程见下图，调节池内养殖废水经砂滤、精密过滤器等预处理单元去除一定粒径悬浮颗粒物质后，通入一定量空气进行微曝气，再由泵引入气体渗透膜功能模块，同时事先配好的酸性提取剂由另一管路引入气体渗透膜功能模块，养殖废水与提取剂分别到达功能疏水膜管壁两侧，废水中气相氨氮分子在合适的条件下扩散、渗透至管壁另一侧与酸性提取剂反应形成铵盐。提取剂在提取液储存桶与气体渗透膜功能模块间循环流动，直至pH逐渐升高至近中性，表明提取剂基本饱和，此时收集提取剂即可作为液态有效氮肥，装瓶储存或直接用于农作物或其他植物栽培。实际原型样机参见下图。

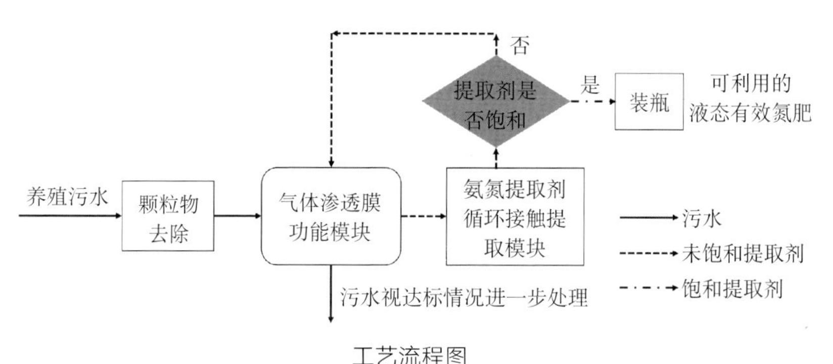

工艺流程图

3. 功能与效果

实验结果表明，该工艺对低浓度（氨氮浓度约100 mg/L）和高浓度（氨氮浓度约4 000mg/L）养殖废水，均可回收80％以上氨氮，同时经处理后尾液氨氮浓度可降到GB 18596—2001《畜禽养殖业污染物排放标准》允许限值以下。

原型样机

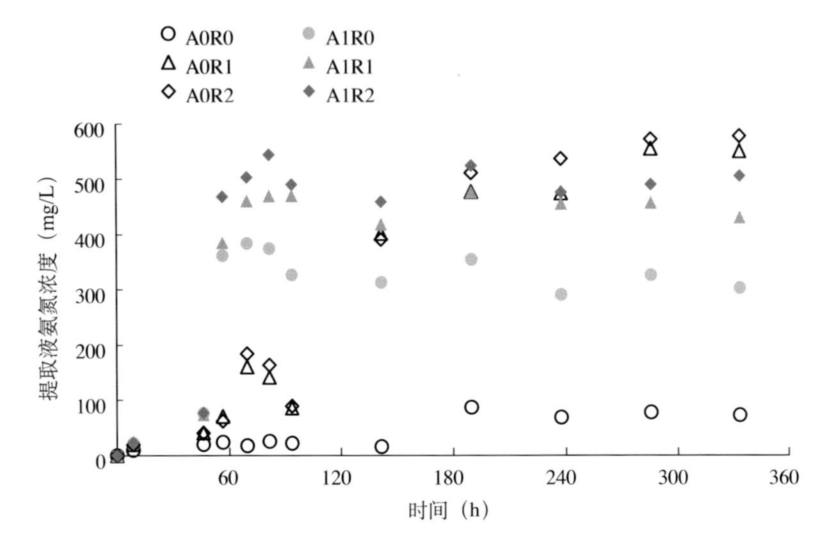

工艺对低浓度养殖废水处理下提取液氨氮浓度随运行时间的变化

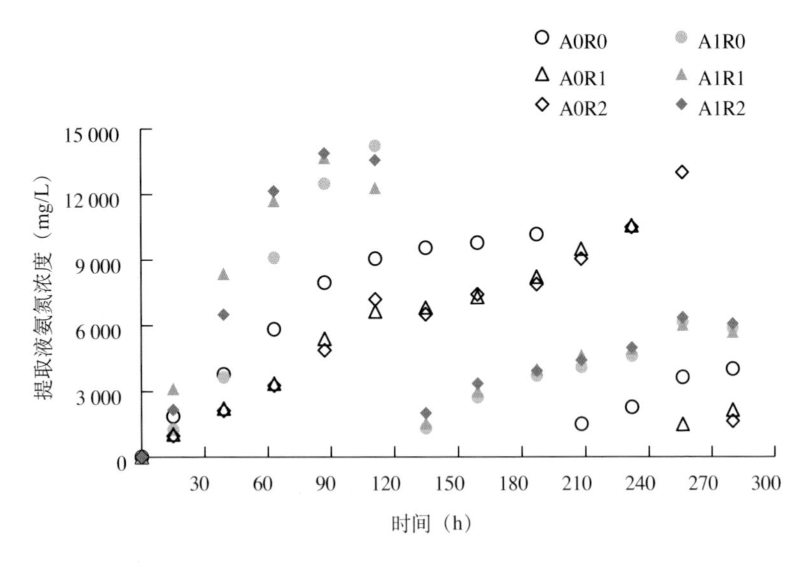

工艺对高浓度养殖废水处理下提取液氨氮浓度随运行时间的变化

4. 适用条件或范围

运行温度范围1 ～ 45℃（最佳4 ～ 40℃），废水适宜反应pH大于9.5，养殖废水端适宜工作压力0.01 ～ 0.02MPa，酸性提取剂端最佳工作压力为0.01 ～ 0.1MPa，酸性提取剂可利用浓硫酸配置，适宜浓度为0.1 ～ 0.8mol/L。

5. 实施案例

正处于样机试验阶段。

6. 联系人

李鹏。

二、养殖废水存放期氨减排技术

1. 技术简介

养殖场产生的大量养殖废水，包括畜禽粪污及沼液等，由于其产生的连续性及作物需肥的季节性差异，多需经过一段时间的储存。其在储存过程中会挥发出大量的氨气，不仅造成氮的损失和空气污染，而且会增加人畜呼吸道疾病的风险。养殖废水储存过程中氨气减排成为重要的面源污染防控内容。本技术通过覆盖+氨气吸收的方式，减少液面有效挥发面积和降低pH减少氨挥发，最大限度实现养殖废水储存过程中的氨气减排，从而减少养殖废水存放期面源污染风险。

2. 技术要点

（1）养殖废水覆盖技术。通过采用黑膜对整个液面进行覆盖，膜材料推荐使用HDPE土工膜，该膜具有抗拉能力、抗化学腐蚀能力等性能，满足长期储存适用性。

（2）臭气抽取。养殖废水在储存过程中往往会由于厌氧产生沼气，还会持续挥发氨气，导致黑膜出现充气状况，通过膜内设置抽气装置，每天定量抽取，减少气体浓度，降低操作风险。

（3）尾气处理。将每天抽取的臭气通过吸收塔喷淋酸液的方式，实现氨气吸收。通过气液比调节，降低能耗和吸收液的消耗，提高氨气吸收效果。根据吸收液pH监测实现吸收液的及时置换，保证氨气吸收效果最优化。

（4）酸液选择。企业如具备强酸溶液购买资质，可使用硫酸溶液稀释喷淋，否则可采用草酸等有机酸溶液，浓度控制到5%～10%。对于吸收酸液饱和后可添加到废水中，进一步降低废水pH。

3. 功能与效果

（1）本技术通过黑膜覆盖+氨气吸收，能显著降低存放期氨挥发，减少气体污染风险。本技术能够满足GB 14554—1993无组织源排放恶臭污染物综合排放标准一级1.0mg/m^3限值，显著降低面源污染风险。

（2）通过黑膜覆盖减少了由降雨导致的废水量增加，降低后续处理成本。

（3）酸液吸收形成的含氮液体可以回流到废水中，降低pH，降低喷淋吸收能耗。

4. 适用条件或范围

本技术适用于具有一定土地配套且产生的畜禽粪污及沼液需长期存放后进行还田处理的各类畜禽养殖场或沼气站。

5. 实施案例

北京市密云区北京海华云拓能源研发中心有限公司利用沼气工程处理养殖场的牛粪，并将沼液于春季进行农田灌溉消纳。本技术应用后，起到了防雨的效果，并实现了氨气的吸收，储存池

氨气吸收塔

养殖废水膜材料覆盖

周边臭味明显降低，生态效益巨大。

6. 联系人

薛文涛。

三、集约化畜禽养殖企业污染减排绩效评价体系

1. 技术简介

“十二五”开始，我国大力开展现有集约化畜禽养殖企业的污染物减排工作。而畜禽养殖企业污染减排效果需要一套科学完整的体系来评价，但迄今为止尚缺乏集约化畜禽养殖企业污染减排绩效评价体系。因此，从成本、效益和可持续性等三个维度建立包含16个一级指标的畜禽养殖企业污染减排绩效评价体系，明确各指标的权重、评分标准及综合评价模型，可对集约化畜禽养殖企业污染减排进行绩效分析。

2. 技术要点

（1）从成本、效益和可持续性等三方面，筛选了集约化畜禽养殖企业污染减排绩效评价指标，建立评价指标体系。

（2）利用专家打分和层次分析法建立评价体系各指标的权重。

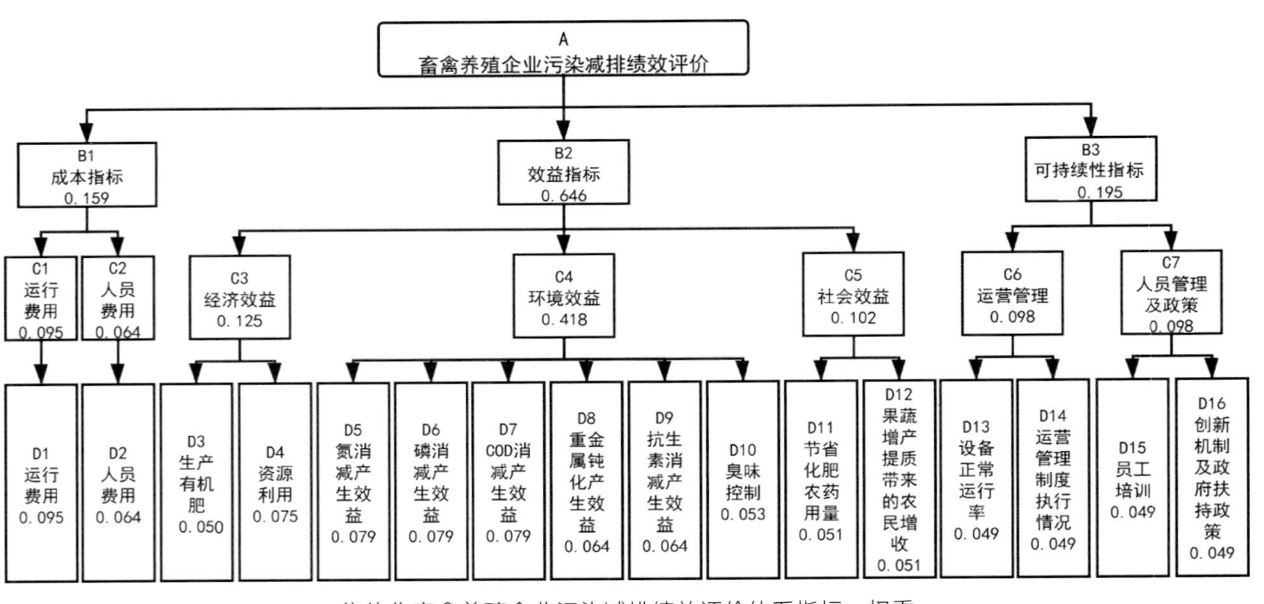

集约化畜禽养殖企业污染减排绩效评价体系指标、权重

(3) 根据实地调研、文献分析建立了评价体系中各指标的评分标准。

(4) 利用模糊综合评价模型对畜禽养殖企业污染物减排进行绩效评价。

3. 适用条件或范围

适用于各集约化畜禽养殖企业。

4. 功能与效果

该评价方法兼顾了畜禽养殖企业污染减排的企业经济效益、环境效益和社会效益。以污染物减排为主体，考虑了节能和资源化利用等因素，既能满足现有的集约化畜禽养殖企业污染达标排放的目标，又为探索节能高效与资源化利用、可持续发展的畜禽养殖企业减排处理工艺技术，推进技术创新与工程建设提供理论依据。

5. 实施案例

利用该评价体系对以生产有机肥为主的畜禽养殖企业A进行绩效评价，该企业的畜禽养殖固体粪便进行密闭式发酵、除臭处理，养殖废水经过沼气工程处理、农田回用等技术进行污染物减排。通过调研、取样测试分析，结合本评价模型评价得知，该企业减排绩效综合评分为90.3分，等级为优秀。本模型的评价结果与企业实际相符。

6. 联系人

刘静，李顺江。

四、垫料养鸡氨减排及密闭圈舍氨清除技术

1. 技术简介

现代养鸡技术已摒弃自然散养方式，而采用规模化垫料养殖技术。在垫料鸡舍中，微生物利用鸡粪中的氮与垫料碳繁殖，减少了氨气排放，但仍有部分氨排放到鸡舍中。尤其在寒冷的冬季，养殖户常为鸡舍保温产蛋将鸡舍密闭起来，导致鸡舍内氨气无法及时排除。过高的氨气导致鸡的喉咙、眼睛甚至整个健康状况受到严重影响，造成产蛋量减少，甚至死亡。若采用舍内抽气进行氨气排放，不但增加养殖成本、污染环境，也会造成氨氮资源的浪费，所以急需采用绿色措施加以解决。

垫料养鸡氨减排及密闭圈舍氨清除技术通过添加腐熟有机肥（利用含有的硝化菌）或商品硝化菌剂，转化铵离子成硝态氮，减少氨气排放60%以上。同时，针对释放到鸡舍空间里的氨气采用全自动报警酸循环淋洗装置吸收氨气。采用这种双轨思路，确保圈舍氨气浓度较低。

2. 技术要点

（1）添加硝化菌剂。在垫料中添加硝化菌剂能够大幅降低氨氮从垫料中的释放量。添加途径有两种：一是腐熟有机肥；二是商业化的硝化菌剂。

（2）清除圈舍中的氨气。即便减少了垫料的氨氮排放，但还是有部分氨氮排放。采用酸液吸收的方法，降低圈舍氨氮的浓度。全自动“圈舍除氨装置”流程图如下并获得专利。

3. 功能与效果

采用双轨思路，首先通过硝化菌把铵态氮转化成硝态氮来降低鸡舍氨氮的浓度及排放；其次将排放的氨气采用酸吸收的方法

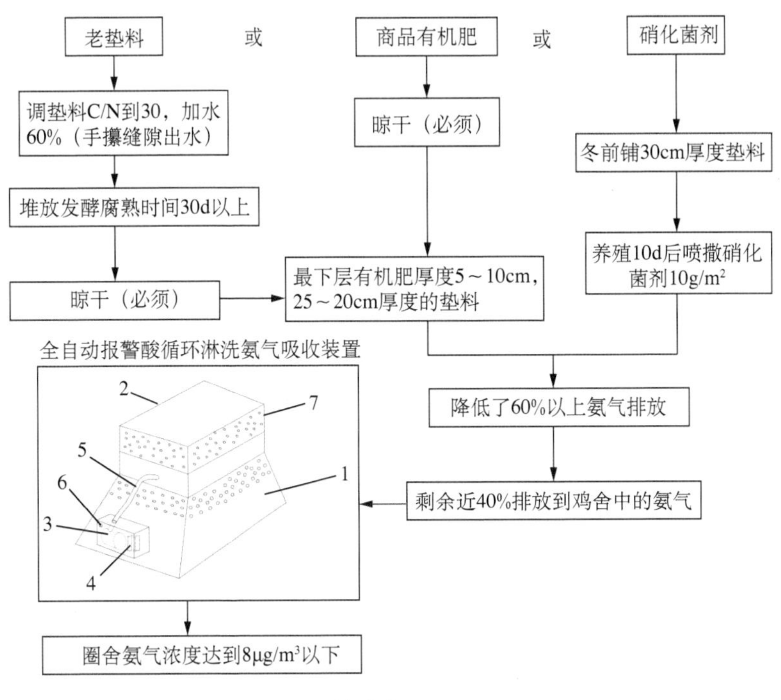

技术流程图

1.盛酸吸氨盒 2.喷淋盒盖 3.自动循环泵 4.pH自动控制装置 5.泵扬酸管 6.开关 7.酸喷淋槽

垫料养鸡圈舍和降低氨气排放研究现场

进一步降低氨氮排放，同时吸收的氨可以作为肥料用于农业生产。

4. 适用条件或范围

只适用于北方圈舍冬季垫料养鸡。

5. 实施案例

2019年11月至2020年12月，在北京市顺义区北京绿多乐农业有限公司林下养殖基地开展，专利在2021年4月授权。在开展试验期间，养殖圈舍使用效果突出，氨气浓度在8μg/m^{3}以下。

6. 联系人

王甲辰。

五、堆肥氨减排技术

1. 技术简介

堆肥是目前农业废弃物的主要处理利用方式。但是堆肥物料pH较高、发酵高温、翻堆等原因，导致堆肥过程中大量氨气挥发损失，其中翻堆是堆肥过程中氮损失的重要途径。本技术通过在翻堆过程中喷淋一定浓度的酸液，在技术运行成本保持较低水平的前提下，有效地降低了翻堆过程中氨挥发，减少堆肥过程面源污染风险。

2. 技术要点

（1）喷淋装置的结构。装置包括储液罐、水泵、过滤器、调压阀、三通、喷灌管和雾化喷头；储液罐内置有酸液，储液罐的出口经水泵与过滤器的一端连接，过滤器的另一端经调压阀与喷灌管连接；喷灌管上通过三通并列安装有若干雾化喷头，由雾化喷头将酸液喷洒在堆体上。

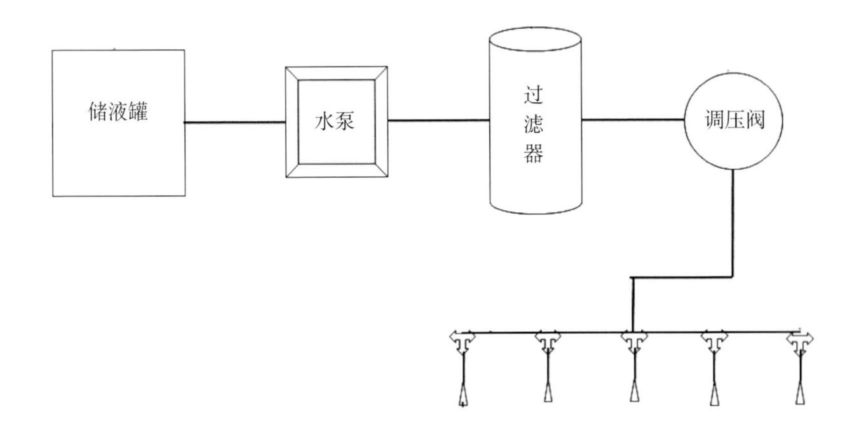

堆肥氨气减排喷淋装置结构图

（2）**喷淋装置的安装**。本装置一般安装于翻抛机上部，可随着翻抛机移动喷淋，喷头设置为前后两排，高度一般高于堆体50cm，通过喷头的角度调整使得酸液对堆体全覆盖喷洒。

（3）**酸液选择与过程控制**。企业如具备强酸溶液购买资质，可使用硫酸溶液稀释喷淋，否则可采用草酸等有机酸溶液，浓度控制到1%～5%；喷淋流量按照堆体面积计算，一般在0.5～2L/m^2；翻抛机速度控制在6～10m/min。

3. 功能与效果

（1）通过一定量酸液喷淋，可同时实现对氨气的排放与控制；通过变频水泵，可实现不同流量需要，通过过滤器和调压阀组合，能够实现装置长期稳定运行。

（2）通过酸液溶液喷淋，可有效降低堆肥过程氨气挥发；通过悬浮颗粒与水汽接触，可有效降低悬浮颗粒物（TSP）浓度。

（3）通过有效地降低氨气挥发量，提高堆肥氮和总养分含量，提高有机肥产品肥效。此外，可改善堆肥生产车间环境质量，提高工作舒适度。

4. 适用条件或范围

本技术主要通过翻堆喷淋控制氨挥发，适用于非密闭式生产车间、采用翻堆工艺的有机肥生产企业。

5. 实施案例

本技术在北京市奥格尼克生物技术有限公司得到应用，通过5%酸液喷淋，可使氨气挥发降低60%以上、悬浮颗粒物浓度降低50%以上。

翻堆中酸液的喷淋降低氨挥发损失

6. 联系人

薛文涛。

六、堆肥原料自动配方技术

1. 技术简介

堆肥配方软件围绕“标准选择–原料选择–配方计算”三个自动配方计算思路，设置了配方计算、原料配置、标准配置、原料数据库、肥料标准库和系统配置6个功能模块，帮助技术人员快速得出“质量最优、价格最低”的堆肥原料配方结果。

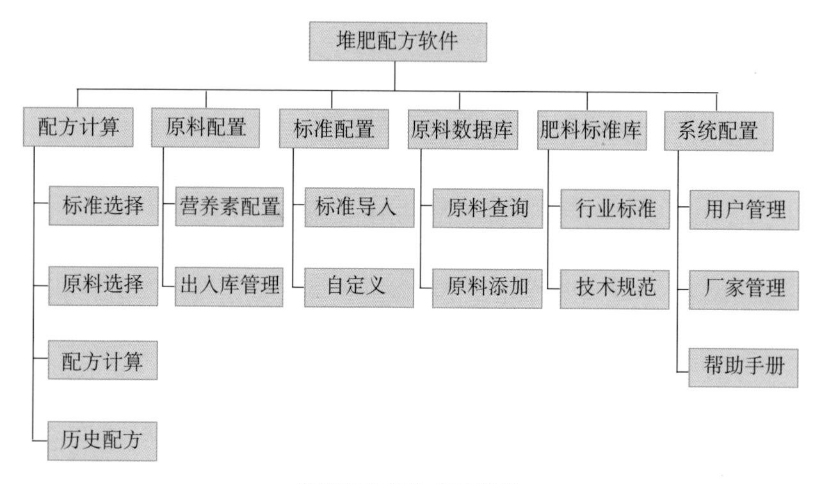

堆肥配方软件模块设置

堆肥配方软件运行界面

2. 技术要点

堆肥配方软件设计的总体要求与计算方法如下：

（1）**堆肥配方满足的条件。**碳氮比（C/N）：20 ～ 30；水分含量：55%～60%；堆肥前期氧气含量：10%～20%。

（2）堆肥配方碳氮比计算方法。

$$碳氮比=\frac{主料鲜重\times（1-含水量）\times有机碳含量+辅料鲜重\times（1-含水量）\times有机碳含量}{主料鲜重\times（1-含水量）\times全氮含量+辅料鲜重\times（1-含水量）\times全氮含量}$$

其中，主料为畜禽粪便类，辅料为秸秆或蘑菇渣类，有机碳含量=有机质含量/1.724。

（3）堆肥成品要求。有机质含量≥40%；氮、磷、钾总量≥4%；含水量≤30%；酸碱度（pH）5.5～8.5；种子发芽指数（GI）≥70%。

（4）两种堆肥原料计算方法。

预期水分含量下，单位重量原料b所需原料a的重量为

$$W_a=(M_b-M)/(M-M_a)$$

预期碳氮比下，单位重量原料b所需原料a的重量为

$$W_a=(1-M_b)\times(C_b-R\times N_b)/[(1-M_a)\times(R\times N_a-C_a)]$$

式中，W_a为单位重量原料b所需原料a的重量；M为预期混合物料的水分含量；M_a为原料a的水分含量；M_b为原料b的水分含量；N_a为原料a的氮含量；N_b为原料b的氮含量；R为预期混合物料的碳氮比；C_a为原料a的碳氮比；C_b为原料b的碳氮比。

（5）两种以上堆肥原料计算方法。针对两种以上堆肥原料的配方算法，采用普通线性规划的单目标优化方法，转化为以最低成本（Z）为目标的配方优化问题。

堆肥配方软件已获得计算机软件著作权登记证书。

3.功能与效果

（1）堆肥配方软件通过设定合理的配方标准、阈值和算法，实现堆肥配方的优化。这有利于高温堆肥的进行，缩短堆肥周期，降低堆肥标准，达到农业废弃物减量化、无害化、资源化的“三化”要求。

中华人民共和国国家版权局
计算机软件著作权登记证书

证书号：软著登字第3096702号

软件名称：堆肥配方软件
V1.0

著作权人：北京农业智能装备技术研究中心

开发完成日期：2018年07月12日

首次发表日期：未发表

权利取得方式：原始取得

权利范围：全部权利

登记号：2018SR766607

根据《计算机软件保护条例》和《计算机软件著作权登记办法》的规定，经中国版权保护中心审核，对以上事项予以登记。

中华人民共和国国家版权局
计算机软件著作权登记专用章

No. 03843002

2018年09月20日

中华人民共和国国家版权局
计算机软件著作权登记证书

证书号：软著登字第6138951号

软件名称：有机肥料堆肥配方数据管理软件
V1.0

著作权人：北京农业智能装备技术研究中心;北京市农林科学院

开发完成日期：2020年06月30日

首次发表日期：未发表

权利取得方式：原始取得

权利范围：全部权利

登记号：2020SR1260255

根据《计算机软件保护条例》和《计算机软件著作权登记办法》的规定，经中国版权保护中心审核，对以上事项予以登记。

中华人民共和国国家版权局
计算机软件著作权登记专用章

No. 06803891

2020年11月26日

堆肥配方软件著作权登记证书

（2）应用堆肥配方软件，为有机肥料生产企业提供常见原料的堆肥配方，并能及时反馈各类材料的消耗和库存现状，为企业提升管理效率助力。

4. 适用条件或范围

本技术适用于堆肥、有机肥生产企业。

5. 实施案例

北京海华百利能源科技有限公司，是利用牛粪、沼渣、作物秸秆及园林废弃物生产堆肥、有机肥的企业。由于原料复杂，企业很难进行堆肥配方。通过利用堆肥配方软件计算堆肥原料配方，优化堆肥配方和堆肥工艺路线，缩短了堆肥周期，提高了生产效率，产品质量全部达到国家有机肥行业标准。目前，企业年生产优质有机肥达到20 000t，取得了良好的经济效益、生态效益和社会效益。

6. 联系人

李吉进，许俊香。

七、农业废弃物厌氧发酵技术

1. 技术简介

厌氧发酵是指有机废弃物在厌氧条件下通过微生物的代谢活动逐渐稳定化，同时伴有甲烷和二氧化碳的产生。沼气工程的产物是沼气和沼肥。沼气是清洁能源，可以用作燃料和发电；沼肥包括沼渣和沼液，是优质的有机肥资源。大量研究表明，施用沼肥有利于提高作物产量和品质，防控病害和改善土壤理化性质。

沼气是解决广大农村能源短缺，改善农业生态环境，防治农业面源污染，促进生态与经济系统良性循环，实现经济、社会、生态效益统一的重要生态建设工程。

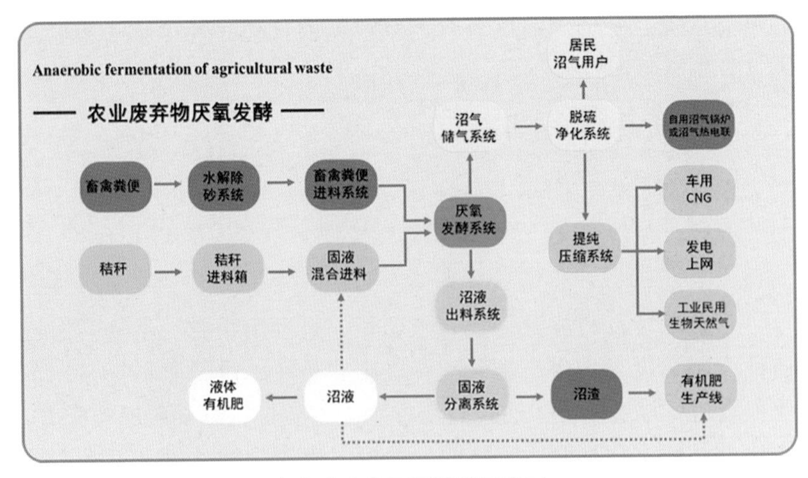

农业废弃物厌氧发酵示意图

沼气池

储气罐

农业废弃物厌氧发酵现场

2. 技术要点

（1）控制厌氧发酵影响因素。厌氧发酵的碳氮比以20 ~ 30为宜，温度在35 ~ 40℃为宜，最佳pH范围为6.8 ~ 7.5。

（2）沼肥生产利用技术。厌氧发酵在产生大量沼气可再生能源的同时，也会产生大量沼渣沼液废弃物。通过固液分离技术可以将沼渣沼液分开。①沼渣用作堆肥原料生产有机肥，沼液与水混合后对各种作物进行灌溉施肥。②沼液灌溉施肥技术主要有沼液滴灌技术和沼液喷灌技术。该技术应用固液分离、三级过滤、曝气和反冲洗等技术，通过技术集成与组装，实现沼液、沼渣的

沼泥堆肥工业化生产

沼液滴灌核心装备

沼液喷灌施肥工程

分离与过滤，沼液过滤稀释后与灌溉系统对接，按照作物的养分需求规律进行沼液灌溉施肥，达到沼液资源化高效利用的目的。

3. 功能与效果

（1）沼气是清洁能源，可以用作燃料和发电。

（2）沼肥包括沼渣和沼液，是优质的有机肥资源；沼液滴灌技术和沼液喷灌技术解决了沼液灌溉易堵塞的难题。

（3）与传统施肥习惯相比，应用沼渣堆肥和沼液灌溉施肥技术农作物产量提高10%～15%，农产品品质明显提高，经济效益、生态效益和社会效益显著。

（4）沼渣堆肥和沼液灌溉施肥技术减少了因沼液排放造成的农业面源污染。

（5）以沼气为纽带的“养殖业－沼气－种植业”的循环农业发展模式，符合低碳循环经济理念，实现了沼气废弃物循环可持续利用，具有广阔的应用前景。

4. 适用条件或范围

本技术适用于具备大中型沼气工程的企业，特别从事种养结合产业的农业园区。

5. 实施案例

北京德青源农业科技股份有限公司，通过沼气发电、有机肥生产、沼渣沼液资源化利用，优化沼渣堆肥和沼液灌溉施肥技术，企业年生产有机肥2万t，消纳沼液6万m^3，企业经济效益增加20%，同时取得良好的生态和环境效益。

6. 联系人

李吉进，孙钦平。

八、农业废弃物高温堆肥技术

1. 技术简介

高温堆肥就是将禽畜粪尿和秸秆等有机废弃物堆积，利用微生物将有机物分解，并且释放出能量，形成高温，同时将部分有机物质转化为腐殖质，形成有机肥。缩短堆肥进程，提高堆肥质量和效率，是好氧堆肥生产的关键所在。高温堆肥实现了农业废弃物的减量化、无害化和资源化处理利用，对于防治农业面源污染、促进种养循环和农业绿色发展具有重要的现实意义。

2. 技术要点

（1）高温堆肥配方要求。堆肥过程影响因素：供氧量要适当，一般要求堆体氧浓度控制在8%～15%；堆体含水量控制在50%～60%为宜，55%最理想，此时微生物分解速度最快；碳氮比要适当，控制在20～35；堆肥过程开始时，由于酸性菌作用，pH为5.5～6.0，堆肥结束后，pH为8.5～9.0。

（2）高温堆肥工艺流程。高温堆肥工艺流程一般为预处理—主发酵—后发酵—后处理—贮存。

①原料的预处理：分选、破碎及含水量和碳氮比的调整。

②原料的发酵阶段:目前采用二次发酵方式，周期一般为30 ~ 40d。一次发酵是从发酵开始，经中温、高温然后到达温度开始下降的整个过程，一般需要10 ~ 12d，高温阶段持续时间较长。二次发酵一般需20 ~ 30d。③后处理阶段：对发酵熟化的堆肥进行处理，经处理后得到的精制堆肥含水量在30%左右，碳氮比为15 ~ 20。④贮存阶段：贮存时要注意保持干燥通风，防止闭气受潮。

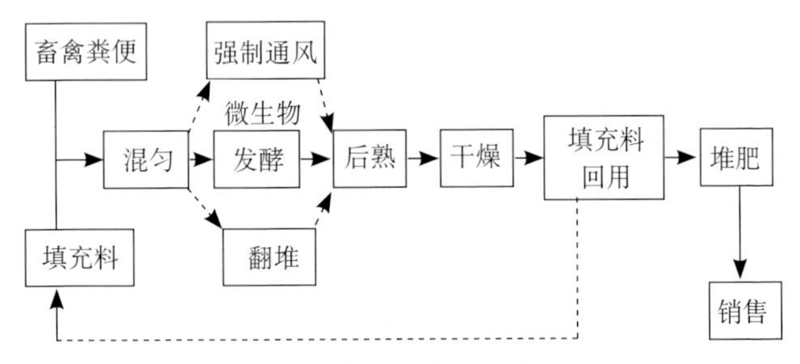

高温堆肥工艺流程图

(3)选择高温堆肥的方式。高温堆肥的方式主要有条垛式堆肥、反应器堆肥、槽式堆肥。条垛式堆肥具有操作简易、节省成本等优点，但也存在占地面积大、环境污染风险高等缺点。反应器堆肥具有反应高效、周期短、环境易控制等特点，但是投入较高。槽式堆肥介于两者之间，是目前应用较为广泛的堆肥方式。

条垛式堆肥

反应器堆肥

槽式堆肥

高温堆肥方式

3. 功能与效果

（1）通过高温堆肥，可以有效地将各类如秸秆、畜禽粪便等农业废弃物进行高效无害化处理，灭杀其中的各类病菌，为资源化农田利用提供保障。

（2）废弃物发酵后，可以制成高品质的有机肥，农田应用后可以大量替代化肥投入，降低面源污染风险。

4. 适用条件或范围

本技术适用于处理农业废弃物的堆肥、有机肥生产企业。

5. 实施案例

北京海华百利能源科技有限公司，采用牛粪、沼渣、作物秸秆及园林废弃物生产堆肥。通过沼渣高温堆肥智能化生产技术，优化了堆肥工艺路线，缩短了堆肥周期，提高了生产效率，年生产高品质堆肥2万t，消纳畜禽粪便7万m^3，取得了良好的经济效益、生态效益和社会效益。

6. 联系人

李吉进，许俊香。

九、智能纳米膜覆盖有机废弃物好氧堆肥技术

1. 技术简介

据农业农村部统计，2017年我国产生约38.0亿t畜禽粪污，可收集的农作物秸秆8.2亿t，各类蔬菜残余物2.3亿t，以及农产品加工废弃物4.5亿t。我国农村有机垃圾总量大、种类多，针对有机废弃物分散、难处理、处理周期长等现状问题，我们提出应用小型移动式可折叠快速腐殖化设备就地处理技术模式，技术核心即

纳米膜覆盖有机废弃物好氧堆肥技术。该技术具有周期短、无污染、成本低等特点，是环境友好型的有机废弃物肥料化循环利用模式，在生态环境可持续发展中占有重要的地位。

2. 技术要点

（1）菌种的选择。为了保证不同来源有机废弃物的快速腐殖化，需根据物料类型选择适宜的腐熟菌剂。

（2）适宜的碳氮比。不同物料配比组合是有机废弃物腐解的关键点，只有适宜的碳氮比，才能更好地发挥微生物代谢功能。一般有机物料的碳氮比控制在25 ～ 40。

（3）物料初始含水量。在适宜的物料配比基础上，物料的初始含水量是有机物料好氧发酵过程与确保品质的关键控制点。有机物料的含水量一般控制在50%～ 60%。

（4）好氧发酵要点。确保膜覆盖的紧实性及适宜的通风频率，以保证堆肥系统内部的好氧环境，加速好氧堆肥过程。

3. 功能与效果

（1）操作简单，通过传感器连接物联网设备远程智能控制。

（2）手机App上可24h监控。

（3）省时、省力、省人工。

（4）投资少、无须基建。

（5）堆肥效率高、堆肥周期短、适用范围广。

4. 适用条件或范围

在一般有机废弃物存放点都可以应用此技术，处理规模可根据实际物料情况确定，适用范围广，不需要基建，只需要场地平整。

5. 实施案例

2020年，在北京市密云区黑山寺村、房山广润庄和辛庄村，分别开展农林废弃物快速腐解示范区建设工作。有机废弃物堆肥腐熟周期缩短20%～30%，腐熟样品品质稳定，减少农林废弃物对环境污染的潜在风险。

房山广润庄示范基地现场

6. 联系人

魏丹。

十、秸秆类尾菜工厂化高温堆肥处理技术

1. 技术简介

秸秆类蔬菜在作物拉秧后集中产生，如不及时处理会变质腐

烂、散发异味、污染空气，形成的污水可能流入土壤和水体，造成较为严重的面源污染，并可能造成病菌的传播。蔬菜尾菜一般养分含量丰富，除可能携带病菌外一般不含有其他有害物质，经碳氮调节并高温发酵后可以转化成高品质的有机肥，农田合理利用降低面源污染风险。

2. 技术要点

针对秸秆类蔬菜种植中形成的尾菜，推荐进行工厂化高温堆肥，制成有机肥。

（1）**秸秆粉碎预处理**。将收集到的尾菜粉碎，粉碎颗粒长度不大于5cm。用作辅料的秸秆也要进行粉碎处理。粉碎前去除不能腐解的杂质，尤其是捆绑蔬菜的绳线、种植蔬菜时所覆的地膜、田间丢弃的农药包装袋等。

（2）**碳氮调节、水分控制**。各类尾菜、辅料和畜禽粪便等混合均匀，调节碳氮比为20 ~ 30。初始发酵时，整体含水量也要进行调节，调节含水量至55%左右。

（3）**高温发酵，及时翻堆**。务必保证发酵时间：不要轻易缩短发酵时间，要保持发酵温度达到60℃以上4d时间，有效去除各类草籽和病菌虫卵，避免造成施用风险。堆肥设置后，在第8天、第15天各翻堆一次。翻堆时如果含水量较低，应该及时加水补充。一般堆放25 ~ 30d可以腐熟。

（4）**适当遮盖，防水防雨**。发酵要有合适的场地，防止雨水进入堆体影响堆肥质量，也要防止雨水浸泡造成土壤污染。

某有机肥厂对尾菜的收集与粉碎

3. 功能与效果

（1）通过尾菜的堆肥和

循环利用，可以有效解决因尾菜处理不顺畅造成的面源污染问题，并显著降低尾菜带来的病原菌传播和蚊蝇滋生的风险。

（2）制成的有机肥进行农田施用，进行化肥的替代，减少化肥的投入，对面源污染防控有重要的支撑作用。

4. 适用条件或范围

本技术适用于秸秆类蔬菜园区和集中产生区域，并配套有适当的高温发酵装备。

5. 实施案例

山东沃泰生物科技有限公司位于青州，收集周边辣椒秧和茄子秧等尾菜并粉碎后与畜禽粪便混合发酵，年产有机肥达到7万t，年消纳各类尾菜超过15万t，对保护当地的农业环境有巨大的支撑作用。

6. 联系人

孙钦平。

十一、基于分散型有机废弃物的太阳能堆肥减排技术

1. 技术简介

有统计结果显示，蔬菜生产、流通过程折损率约为36.5%，烹调前再加工尾菜产生率约为15%，餐厨垃圾产生量为0.2～0.3kg/（d·人），此类有机废弃物种类多、易腐烂且产生分散，不易集中规模化处理，资源化存在瓶颈问题。本技术利用太阳能进行分散、少量有机垃圾实时堆肥处理，实现零能耗、连续投加、快速升温及时处理易腐烂有机垃圾，形成小型太阳能堆肥设备就地处理技术模式，是环境友好型有机废弃物资源化模式，有利于建设美好生活家园，保持青山绿水，维护生态环境。

2. 技术要点

（1）**选择适宜辅料**。根据待处理废弃物的特点（水分、粒径、碳氮比等）选择适宜的辅料，初始辅料添加量为总体积的10%即可，一般分为高碳型和高氮型辅料。建议根据待处理有机废弃物类型（蔬菜废弃物型、餐厨垃圾型、禽畜粪便型），选择加速发酵效率的生物腐熟剂。

（2）**腐熟发酵要点**。每次投料后及时关闭投料口旋转2 ~ 3圈，如发现物料有成团现象，暂停投料，开启加热功能1 ~ 2h，发酵24h后再投料。冬季使用应开启太阳能加热功能加速发酵启动，建议配投低温发酵菌剂。

（3）**发酵结束判断**。旋转翻堆、投新料或太阳能加热除水后物料温度仍维持30℃以下不再升温则发酵结束，应进行放料。

3. 功能与效果

（1）有机垃圾连续投，出料简单省人工。

（2）翻堆加热太阳能，节能环保自动化。

（3）高温除臭组合菌，堆体温高无异味。

（4）堆肥指标实时测，液晶显示易操作。

（5）少量垃圾及时除，保护环境生活美。

4. 适用条件或范围

适用于农村村落、园区大棚及小型餐馆等产生有机垃圾频繁但量小的工作、生活场所，适用范围广，不需要基建，设备放置于太阳可直射的地方即可。

5. 实施案例

2019—2020年，在北京市农林科学院温室、密云区黑山寺村开展温室打岔尾菜、秸秆粉碎尾菜及餐厨垃圾堆肥资源化试验示范工作，实现打岔尾菜连续投加15d以上，减量率超过70%，处理后样品品质稳定，减少了农业废弃物及餐厨垃圾对环境的污染。

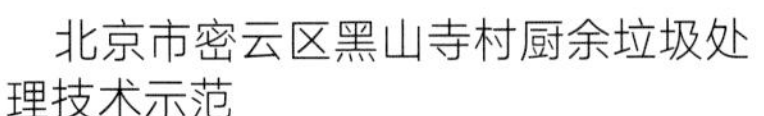
北京市密云区黑山寺村厨余垃圾处理技术示范

北京市农林科学院尾菜处理技术示范

6. 联系人

武凤霞。

十二、林下低密度鸡散养技术

1. 技术简介

林下养鸡利用林下土地资源和林荫优势，是饲养鸡的生态养殖新模式。林地中散养鸡，使鸡得到充分的运动量，不仅可以让鸡更加健康地成长，还能使其肉质更加鲜美，成为真正的原生态鸡，并且其营养价值高；既能帮助农民朋友增收致富，也建立起蛋鸡与果林互促互利的良性循环，对于树木的生长也有很大的好处。同时，鸡舍鸡粪通过与垫料一起好氧发酵，生产优质有机肥还田，形成良性种养循环，对于防治面源污染具有重要的现实意义。

2. 技术要点

（1）场地选择。林下散养鸡养殖场适宜选择在坡度≤15°的高燥、取水方便、交通便捷、远离人居村庄、林木较稀疏的山地、山场，四周拉网，于林间搭棚建舍。林下养鸡以高大落叶乔木林地为宜，郁闭度在50%～70%。地势高燥，通风良好。

（2）**品种及鸡苗选择**。林下养殖最好选择抗逆性强、耐粗饲、慢速生长的优质地方鸡种，比如北京地区可以选择本地优良品种北京油鸡，不仅抗病性能好，生产性能适中，而且肉蛋品质好。

场地示意图

（3）**饲料选择**。林下养鸡可选择符合绿色食品标准的饲料和添加剂进行饲喂。此外，可合理利用饲草、树叶、籽实、昆虫及微生物制剂发酵饲料、农副产品喂鸡。

（4）**饲养密度**。根据雏鸡的大小、日龄等不同情况分群合理确定饲养密度。育雏前期的密度可以大些，一周龄以内的雏鸡养殖密度为45～50只/m^2，随着养殖日龄的增加，密度要逐步降低，第3周25～30只/m^2，第4周10只/m^2，每天人工清除鸡粪。

（5）**散养时机**。当雏鸡六周以后进入散养阶段。散养的前5d还是以投喂精细饲料为主，后逐步减少精细饲料用量，更换育成鸡饲料或加豆粕、南瓜、玉米及菜叶等饲料。散养密度为每亩100只。

3. 功能与效果

（1）**生态效益明显**。鸡群粪便可以培肥土壤，促进林木生长；小群分散饲养避免大群散养对林地生态的破坏；林间种草养鸡杜绝了杂草生长，无须人工除草；土壤中越冬害虫被鸡吃掉，明显减少林木病虫害。林下养鸡可显著减少林地管护成本，提高管护质量。

（2）**经济效益显著**。北京油鸡年产蛋160～180枚，产蛋后可作为老母鸡上市，每只鸡年纯收入超过50～100元。每亩林地养殖100只油鸡，每亩林地可增收5 000 ~ 10 000元。

4. 适用条件或范围

适合林地较多且允许养鸡的广大农村地区。

5. 实施案例

北京绿多乐农业有限公司为发展林下经济，在北京市农林科学院科技人员的指导下开始进行林下养殖北京油鸡，陆续完成了三代鸡舍的设计和建造，形成了林下种草“别墅”养鸡模式和自动化规模化散养模式，林下养殖面积200亩，养殖规模2万只。此外，公司以北京油鸡林下生态养殖为主线，配套发展林下种草、果树栽培、蔬菜种植等产业，建立农业废弃物综合处理站，实现种植、养殖废弃物循环利用。

6. 联系人

李吉进。

十三、美丽牧场构建技术——以奶牛场为例

1. 技术简介

传统的养殖场侧重于生产功能，容易忽视种养结合下的生态功能，特别是休闲和农业体验等功能体现不足。2016年，农业部印发《全国草食畜牧业发展规划（2016—2020年）》，为畜牧业转型升级指明了方向。当前，生态美丽牧场按照“场区布局合理、设施制度完善、生产全程清洁、产出安全高效、资源循环利用、整体绿化美化”的整体原则来建设。这是解决养殖污染的根本举措，也是实现畜牧业高质量发展的重要环节，更是建设美丽乡村，打造资源节约型、环境友好型社会的重要途径。

2. 技术要点

（1）**规划布局合理**。将整个牛场划分为若干个区域，分别为奶牛养殖、废弃物处理和种养结合区。有条件的奶牛养殖场，增加体验休闲区，种植观赏草，拓展其休闲功能。各功能分区功能相链接，规模要相匹配。

（2）**粪污合理处置**。配套建设沼气工程或相关处理设施，以处置奶牛粪污。其中，沼气可用于周边农户生活用气，或养殖场自用。产生的废弃物经过固液分离得到的沼渣，进入有机肥厂堆肥生产有机肥，沼液可作为液体肥进入种植系统。

（3）**种养结合，废弃物循环利用**。利用饲用玉米种植消纳沼液及污水。沼液和粪污可在玉米播种前1 ～ 2个月施用，每亩用量每次不超出30m^3。其中，沼液可兑水按1 ： 1稀释使用。沼液也可在种植期间分多次施用。在养殖场周边还可种植多年生作物，以解决秋季玉米收获后污水难以消纳的问题。

3. 功能与效果

（1）种养结合技术使牛场污水和沼液进入玉米和各类种植体系，有效解决了牛场粪污污染的问题，使废弃物得到资源化利用，实现了种养结合系统的物质内部循环。

（2）观赏草的种植以及休闲体验区的设置大幅改善了牛场景观，提升了养殖场的生态体验功能。

4. 适用条件或范围

本技术适用于华北地区养牛场，且周边配备较大规模的农田区域。

5. 实施案例

北京市延庆区北京大地群生养殖专业合作社以奶牛养殖为核

心，周边种植玉米消纳沼液和污水，沼液用量30t/hm^{2}和60t/hm^{2}的玉米产量均显著增加，分别增产30.15%和54.46%。在合作社山脚下引入蛋白桑种植，针对秋季和春季的饲用玉米生长的空白季节，可以进行污水的灌溉，降低污水的存放和环境风险。蛋白桑每年收获3茬，增加了污水消纳能力。产生的蛋白桑可以用于青贮饲用，并且作为辅料经过养殖场的饲喂，小牛犊完全能够消纳，形成了牛场内部的小循环。

蛋白桑种植奶牛饲喂

合作社在牛场内部道路引入了马蔺和玉带草等观赏草，既有美化效果，收割后又能转化成饲料为牛所用。

6. 联系人

李钰飞，孙钦平。

十四、基于奶牛场生态草隔离的面源污染阻控技术

1. 技术简介

生态观赏草是一类形态美丽、色彩丰富，以茎秆和叶丛为主要观赏部位的草本植物，具有适应能力强、观赏价值高、生长周

期长等特点。除了具有一定美化景观的作用，生态观赏草还可以起到改善生态环境和防控面源污染等作用，部分品种可用于奶牛的饲喂。奶牛养殖场有机废弃物产生量大，雨季流水存在一定的外溢污染风险，通过种植观赏草，美化了环境，提升了厂区生态功能，同时有效消纳和过滤污水，具有显著的生态效益。

2. 技术要点

（1）不同种类的观赏草在生长发育过程中对各种环境因子都有不同的要求，需根据生长习性和奶牛场的需求合理搭配，有利于生态效益的发挥。

（2）多数观赏草比较耐瘠薄，适应多种土质条件，通常都不需要特别管理，推荐以条带式进行种植。

（3）观赏草生物量比较大，过季后可统一收割，打捆作为奶牛饲料，实现了循环利用，节约奶牛场运营成本。

（4）观赏草可种植于养殖场内部的道路两侧，以提升景观效果，也可应用于养殖场周边，美化农田景观，同时提升对养殖污水的消纳效果。

3. 功能与效果

（1）奶牛养殖场种植了马蔺、玉带草和小籽鼠尾草后，各类生态草搭配提升了景观效果。

（2）各类生态草收割后用于奶牛饲料，节约了生产成本，提高了奶牛场的循环水平。

（3）对径流雨水中总氮和总磷的监测显示，通过雨污分流配合种植观赏草可以使二者的排污削减率分别达到89.0%和97.8%，大幅降低了环境污染风险。

4. 适用条件或范围

本技术适用于我国华北地区的养殖场。需根据气候特点和奶牛场的实际需求选择适合生长的多年生观赏草品种。

5. 实施案例

以北京市延庆区北京大地群生养殖专业合作社为例，选用了多年生马蔺、玉带草和小籽鼠尾草。玉带草秆通常单生或少数丛生，高60 ~ 140cm，生物量大，为牲畜喜食的优良牧草。小籽鼠尾草具有较大的散发型味道，在园艺上具有趋避作用，对于蝇子、蚊子等有较强的驱赶作用。

同时，引入多年生宿根作物油用芍药进行种植，该品种耐寒，多年生，提高了园区的景观效果，芍药结果后又可以摘籽粒榨油，提升园区景观和商品价值。

景观玉带草和小籽鼠尾草的种植

6. 联系人

李钰飞，孙钦平。

十五、利用养殖蚯蚓消纳蔬菜废弃物技术

1. 技术简介

蚯蚓是环境友好型动物，食量大、繁殖快、分解有机物能力

强，利用蚯蚓处理可腐有机废弃物是目前国际上推陈出新的生物处理方法之一。该方法具有工艺简单、不产生二次污染、投资灵活、维护方便等优势，适用于经济发展水平较低的城镇以及广阔的农村地区。国内外对蚯蚓处理技术的报道较多，利用蚯蚓处理畜禽粪便、污泥、生活垃圾等各种有机废弃物，生产出具有较高利用价值的蚯蚓粪有机肥，已被证明是低成本规模化处理有机废弃物的有效方法之一。

2. 技术要点

蚯蚓处理废弃物获得的蚯蚓肥质量与蚯蚓品种、蚯蚓接种密度、环境温度、物料湿度、物料碳氮比等均有关系。我国目前应用较广泛的蚯蚓品种是大平二号，该品种蚯蚓食性广，温度、湿度范围宽，繁殖快，易培养驯化。蚯蚓的最适繁殖温度是20～25℃，18℃时增重最快，最适宜湿度是65%～70%。在蚯蚓堆肥过程中由于蚯蚓活动加速了水分的损失，需要根据物料含水情况进行水分补充，以保证物料含水量在蚯蚓适宜范围内。蚯蚓活动一般在下层，为使物料处理均匀，还需在堆肥过程中进行适当的翻动，以使蚯蚓取食均匀。

3. 功能与效果

经过蚯蚓处理消化后的蚯蚓肥具有良好的孔性、通气性、排水性和较高的持水量及较大的比表面积，能够吸附较多的营养物质，同时还能为生活在其中的有益微生物提供良好的生存环境。蚯蚓肥含有植物生长所必需的氮、磷、钾等大量元素和多种微量元素，同时还含有多种植物生长必需的氨基酸。许多有机废弃物经蚯蚓消化后，废弃物的可利用养分和腐殖酸含量增加，废弃物的重金属含量及pH降低。蚯蚓肥不仅含有丰富的微生物及植物生长激素，而且还具有磷酸酶、脲酶、蔗糖酶和蛋白酶等酶类物质，且较堆制前，微生物含量和酶活性均有显著提高。

4. 适用条件或范围

适合各类新鲜果蔬菜废弃产生量较大的种植生产园区，具有一定的空闲用地。

5. 实施案例

北京市丰台区金维多草莓种植园区，利用温室空档养殖蚯蚓处理草莓废弃物，废叶与残果平铺在养殖条垛上自然发酵，蚯蚓从堆体内部采食，其间适当翻堆、补水分，保持蚓群的密度与活力。处理后的蚯蚓粪可直接施入土壤种植下茬作物。另外，顺义、房山等地的园区在大棚内和果园林下养殖蚯蚓，消纳蔬菜尾菜与残果，也收到良好的效果。

利用蚯蚓处理草莓的废弃物

6. 联系人

左强。

设施大棚内养殖蚯蚓

果园林下养殖蚯蚓

十六、叶类蔬菜尾菜沤肥处理技术

1. 技术简介

叶类蔬菜尾菜一般具有含水量高、营养成分高、易腐烂等特点。蔬菜尾菜沤肥是指将尾菜于一定条件下进行厌氧沤制，通过微生物的作用使尾菜中的有机物不断分解的过程。将叶类蔬菜尾菜进行沤肥实现其肥料化利用，是一种环境友好的蔬菜废弃物处理利用方式。

2. 技术要点

（1）场地选择。应选择地势较高、背风向阳、离水源较近、运输施用方便、平坦的空地或田间地头作为沤肥地点。

（2）尾菜处理。去除蔬菜尾菜中不易腐解的塑料绳等杂物，切碎或粉碎成小段（5 ~ 10cm）。

（3）**沤肥处理**。将粉碎后的蔬菜尾菜置于沤肥坑中，加水至完全淹没尾菜，可适量加入碳酸氢铵和过磷酸钙等，为了加快腐熟进度，可添加微生物菌剂。建议沤制时间不短于2个月。

（4）**水肥一体化应用**。沤制好的肥料经过滤后与水配比，推荐使用水肥一体化手段进行田间应用。

尾菜的沤制处理

3. 功能与效果

（1）通过叶类蔬菜尾菜的沤制和循环利用，可以有效解决叶类蔬菜尾菜处理不及时腐烂造成的空气和土壤面源污染问题，并显著降低尾菜带来的病原菌传播和蚊蝇滋生的风险。

（2）沤肥可替代部分化肥，减少化肥施用量，改善土壤的理化性质，减少环境污染。

4. 适用条件或范围

蔬菜尾菜的沤肥技术主要适用于叶类蔬菜种植园区和尾菜集中产生区域。

5. 实施案例

北京市延庆区绿富隆园区建设了沤肥池，开展了以白菜和油菜等为主要原料的尾菜沤肥，并将沤肥液经过滤后通过园区的滴灌管道进行农田回用。这不但提高了园区的废弃物循环利用水平，减少了肥料用量，还发现使用沤肥降低了油菜中的硝酸盐含量，显著提升了油菜品质。

6. 联系人

郎乾乾，孙钦平。

十七、易腐烂蔬菜尾菜原位还田技术

1. 技术简介

除茄子秆等木质化较高的蔬菜尾菜外，多数尾菜均具有水分高、易腐烂和高养分含量等特点，易被矿化进而转变成土壤有机质，最终被蔬菜作物吸收和利用。该技术不但无须前期建设便能实现蔬菜尾菜的原位还田，且可以避免蔬菜尾菜收集运输等环节的人力财力投入，成本较低、污染较小，是一种经济效益较高的尾菜资源化利用方式。

2. 技术要点

（1）尾菜选择。一是种植茬口安排特别紧密的种植体系，前茬尾菜不宜直接还田。二是木质化程度高的尾菜不宜直接还田。三是不宜选择会与作物发生连作障碍的尾菜。

（2）尾菜粉碎。蔬菜收获后，尽快将地里所剩的尾菜菜叶及根部粉碎，粉碎颗粒长度不大于5cm。将粉碎后的尾菜均匀地抛撒在地里。具体还田量以不超出原有单位面积尾菜产量的3倍为限。尾菜粉碎前去除其中不能腐解的杂质，尤其是捆绑蔬菜的绳线、种植蔬菜时所覆的地膜及农药袋等。

（3）尾菜处理。在撒好蔬菜尾菜的地里，推荐施用促进分解的菌剂和相关消毒制剂，再撒入尿素促进尾菜分解（每亩3 ~

4kg），利用旋耕机将尾菜全部埋到土中。

（4）**土壤补水**。若土壤含水量不足25%，旋耕后要及时灌水，以促进尾菜腐解，提高腐解效果。若夏季操作时间长，蔬菜尾菜含水量低，干尾菜所占比例过大，旋耕后应立即补水。

（5）**充分腐熟**。高温季节（6—9月）尾菜15d后便可彻底腐烂，以蔬菜尾菜看不见原有形态，腐烂成具有弹性的黑褐色物质为标准。尾菜完全腐熟的标志是颜色变成褐色或黑褐色，湿时用手握之柔软有弹性，干时很脆容易破碎。低温可延长腐烂时间，因此，在其他时间进行尾菜还田时，需注意下茬作物种植的间隔。

3. 功能与效果

（1）蔬菜尾菜原位还田能经济高效地实现尾菜的资源化利用，减少田间收集与处置的费用。

（2）尾菜还田实现肥料化应用，能为蔬菜作物的生长提供持续稳定的养分供应，带来良好的培肥效果，替代部分化肥投入，降低氮、磷污染风险。

4. 适用条件或范围

蔬菜尾菜原位还田技术主要适用于集中产生大量易腐烂尾菜的蔬菜种植园区。

5. 实施案例

北京市延庆区小丰营村长期种植圆白菜和菜花等，蔬菜收获期的各类尾菜处理成为当地面源污染防控的重点。当地在6月初第一茬蔬菜收获后开展了尾菜的原位还田，对地里的尾菜秸秆进行粉碎，并喷撒低浓度肥料促进分解，经旋耕后还入土体，实现了尾菜的原位消纳。这不仅解决了尾菜处理难的问题，还提高了土壤有机质、速效钾、全氮及有效磷的含量，减少化肥施用，面源污染防控效果显著。

6. 联系人

郎乾乾，孙钦平。

十八、叶类尾菜黄粉虫消纳技术

1. 技术简介

叶类尾菜产生量大，容易腐烂，处理不及时可能引发严重的水、土、气等面源污染，并可能滋生蚊蝇，影响环境卫生。黄粉虫喜食水分含量高、木质化程度较低的各类鲜嫩多汁蔬菜，如白菜、油菜等，并且其蛋白质含量高，经济价值高。利用田间尾菜进行黄粉虫的饲喂也是重要的尾菜消纳途径，可助力面源污染的防控。

2. 技术要点

针对叶类蔬菜种植中尾菜集中产生的现状，利用黄粉虫的养殖，在消纳尾菜防控面源污染的同时产生经济效益。

（1）蔬菜的清洁与饲喂。黄粉虫对农药等物质高度敏感，饲喂前要把大白菜叶等清洗干净，防止农药残留影响黄粉虫养殖，洗干净的菜叶切成0.5 ~ 1.5cm小段，每日几次撒在养殖盒里面。同时，也要饲喂麸皮，一般都是麸皮和尾菜间隔饲喂。

（2）养殖环境要保持干燥卫生。养殖环境要保持相对干燥，不然病菌滋长影响黄粉虫生长。但饲喂的食品不能太过干燥，否则黄粉虫生长会减缓。此外，养殖环境也要进行经常性的消毒。

（3）及时清理虫粪。幼虫每隔15d清理1次虫粪，成虫每隔7d清理1次，清理前半天不喂饲料。

黄粉虫的养殖

3. 功能与效果

（1）通过黄粉虫养殖，可以有效解决因尾菜处理不及时不顺畅造成的面源污染问题，并显著降低尾菜带来的病原菌传播和蚊蝇滋生的风险。

（2）养殖黄粉虫中形成的虫粪有机质含量高，经发酵后可以制成高品质有机肥。黄粉虫消纳尾菜的同时产生经济效益，为区域循环农业发展和农业环境质量的提升提供支撑。

4. 适用条件或范围

本技术适用于叶类蔬菜的种植园区，以及如菜市场等尾菜集中产生区域。

5. 实施案例

甘肃榆中地区是我国高原夏季蔬菜的重要种植和转运基地，夏季产生大量尾菜给当地带来较高的环境污染风险。当地在蔬菜转运市场周边建立黄粉虫养殖基地，充分对市场夏季每天产生的尾菜进行消纳，降低农业面源污染风险的同时，提升了经济效益。

6. 联系人

孙钦平。

十九、利用果蔬废弃物制备生物调理液技术

1. 技术简介

我国果类蔬菜种植区，以秸秆、尾菜、落果等为代表的各类果蔬废弃物大量产生，不仅造成浪费，也会导致环境污染，废弃物原位处理会带来土传病害的风险，肥料与饲料化处理需专用场地与设备，成本较高，不易普及。如何在田间原位处理而不造成土传病害发生，是解决果蔬废弃物问题的重要方向。

将废弃物经过一定工艺处理后，进入发酵设备，采用兼性厌氧发酵技术，进行发酵处理，使有机成分分解，并通过发酵杀灭有害微生物，发酵后的产物制作成生物调理液，稀释后直接施肥利用，不仅能补充营养元素，还能向土壤提供具有酶活性的物质，促进作物生长，达到废弃物无害化、循环利用的目的。

2. 技术要点

（1）材料准备。按无腐烂无污染的果蔬残体4份、水9份、糖或发酵引物1份准备物料，并准备可密封的塑料桶。

（2）制作过程。先将容器清洗干净，加入部分的水，再加入糖或发酵引物，搅拌使之充分溶解，无沉淀。果蔬残体用粉碎机粉碎或切成尽量小的块体，加入容器中，容器上部需保有20%的发酵空间，防止发酵液溢出容器外。物料装填好后，充分搅拌混匀，盖好密封盖，记录发酵日期。前一个月发酵反应剧烈，需每天打开密封盖放气，并搅拌混匀，并把浮在液面上的物料按压下

去，使它浸泡在液体中以防发酵液溢出。如果产生白膜，也属正常。一个月后产气减少，可根据发酵情况减少放气次数。发酵桶应该放在空气流通和阴凉处，避免阳光直照，发酵3 个月后即可使用。冬天的时候，温度低，可以晒晒太阳，加速发酵。其他时间段，不建议放在阳光能晒到的地方。制作好的调理液颜色清亮，味道有一点酸，有醇香，手感滑腻。

（3）使用方法。将调理液过滤后，按300 ～ 500倍液的比例，随水施入土壤中，每亩一次用量15 ～ 20kg，一般半个月左右施肥一次。过滤后的残渣，可当基肥使用。

3. 适用条件或范围

该技术适合于各类新鲜果蔬废弃产生量较大的种植生产园区。

4. 实施案例

2016—2021年，在房山惠欣恒泰园区应用。

利用园区蔬菜废弃尾菜进行发酵处理

不同种类蔬菜废弃物制备的调理液产品

调理液与有机肥、化肥配施肥效试验

5. 联系人

左强。

二十、生态型有机基质蔬菜栽培技术

1. 技术简介

种植、养殖和居民生活中大量废弃物的直接排放、燃烧和填埋造成严重的环境污染。生态型有机基质是使用不同种有机废弃物，如畜禽粪便、秸秆、园林废弃物、稻壳、醋渣等充分腐熟后混合而成，作为蔬菜栽培营养来源，避免了废弃物直接排放引起资源浪费和面源污染。该技术模式没有大型设备投资，资金投入少，操作简单，生产出的蔬菜产品干净卫生，在设施园艺中将占有越来越重要的角色。

2. 技术要点

（1）原材料选择因地制宜，兼顾当地环境污染源和种植作物。生态型有机基质通常具有充足的微量元素，因此，在选择基质原材料时主要考虑当地容易造成面源污染的废弃物及适宜种植的蔬菜种类，确定基质中氮、磷、钾含量和比例，据此制定作物施肥策略。

（2）原材料可选择多种废弃物，保证最终混合基质适宜的物理性质。在混合不同材料基质时，除畜禽粪便和作物秸秆等废弃物外，还需添加适宜粒径的其他物质以维持合理的基质容重、总孔隙度和基质气水比（通气孔隙/持水孔隙）等物理性质。适合蔬菜生长的基质容重为0.1 ～ 0.8g/cm^3，总孔隙度为54%～ 96%，基质气水比为1 ：（2 ～ 4）。

（3）基质可重复利用，但需注意肥料补充。生态型有机基质可重复使用，但需及时补充下茬作物生长所需肥料。

3. 功能与效果

（1）无传统无土栽培的智能设备，操作简单，便于管理，省水、省肥、省力、省工。

（2）栽培基质经过高温发酵等处理，减少了污染物，可有效避免土传病害，因此，生产的优质蔬菜干净卫生，可达到A级食品标准。

（3）栽培方式多样化，如盆栽、袋培、地上基质槽和地下基质槽等。

（4）适合多种蔬菜作物，如番茄、黄瓜、韭菜和生菜等，且作物长势强、品质高。可配合滴灌使用，生长期直接浇清水或适量追肥即可。

4. 适用条件或范围

适合有大量废弃物产生的地区、严重污染土壤地区、土壤贫瘠地区和土壤盐渍化较严重的地区。

5. 实施案例

北京市农林科学院植物营养与资源环境研究所温室的栽培基质采用桃树枝和猪粪发酵有机肥与椰糠混合而成，培育出的番茄植株根系发达，长势旺盛，果实糖度可达13.5，酸甜比例适中，口感好、番茄味儿浓。由醋渣、木屑有机肥、麦秆有机肥、桃树枝和猪粪有机肥混合基质栽培的韭菜风味浓郁、耐储存，连续多茬收割无韭蛆等病虫害。

基质盆栽番茄果实及其糖酸含量、基质槽栽培番茄和基质盆栽韭菜

6. 联系人

孙娜。

二十一、生态型有机基质果树容器栽培技术

1. 技术简介

露天栽培果树在自然环境下，其生长发育受自然界的影响很大，特别是有土壤连作、病害、位置状况不佳等情况，从而制约果树的产量和品质。传统果树种植是在土壤中进行，其位置固定，不可移动，对今后的操作造成不便。

该技术将生态型有机基质及容器栽培技术集于一体，实现废弃物资源化利用，同时易于移动、移栽。生态型有机基质是指采用有机物如农作物秸秆、菇渣、草炭、锯末、畜禽粪便等，经发酵或高温处理后，按一定比例混合，形成一个相对稳定并具有缓冲作用的营养栽培基质原料，将此类基质应用到果树容器栽培已经受到越来越多的关注。果树容器栽培是利用容器盆钵袋台等形式，进行植株栽培，可以达到与土壤栽培相同的种植密度，并采用基质栽培来替代传统的土壤栽培，可以方便有效地采用水肥一体化模式，减少水量、化肥用量，提高水肥利用率，减少果园面源污染。

2. 技术要点

较为常见的是袋式栽培和容器限根栽培。袋式栽培是将塑料编织袋或工厂化生产的无纺布袋填充基质材料，果树栽入袋中，后埋入土壤中。容器限根栽培是利用一些物理或生态的方法将植物根域范围控制在一定的容积内，通过控制根系的生长来调节地上部和地下部、营养生长和生殖生长过程的一种栽培方式。该方式的所需材料已商业化，特别在我国南方有大规模的应用。

3. 功能与效果

（1）首先栽培不受土壤条件的限制，在一些地下水位高、土壤盐渍化严重或土传病害严重的地区，利用根域限制的方式进行生产，特别是进行基质栽培的情况下，可以实现低成本的高产优质栽培。

（2）每个个体可以移动，便于实现灌水和施肥的自动化和省力化（特别是果树育苗），且易于移栽。

（3）根系分布在已知的范围内，可克服传统施肥灌水的盲目性，提高水肥利用率，减少水、化肥用量。

4. 适用条件或范围

果园普遍适用。

5. 实施案例

此项技术已经在北京平谷得到应用，当地利用修剪下的桃树枝条，与畜禽养殖场的粪便、沼气站的沼渣和沼液混合发酵，再配以其他物料。将该有机基质装填到特制袋中，进行大桃的栽培。

6. 联系人

孙焱鑫。

生态型有机基质果树容器栽培现场

二十二、果树枝条的再利用技术

1. 技术简介

果树在种植过程中，因修剪会产生大量枝条，枝条中富含木质素、纤维素、半纤维素、粗蛋白、矿质元素等营养成分，以往作为农民“燃料”或随意堆放在田间路边，不仅造成资源浪费，也污染环境，易发生火灾等隐患。该技术将果业主产区修剪废弃树枝资源的合理利用，形成“树枝－覆盖物－有机肥料/基质－还田－供植物生长”的良好绿色生态循环模式，解决环境问题，增加农民收入，实现绿色生态环保与经济效益的双赢。

2. 技术要点

（1）**地面覆盖**。果树枝条修剪下来，用移动式树枝粉碎机将废弃的枝条削切粉碎成合适尺寸的碎屑。将粉碎后的树枝碎屑铺散到果树的根上，切碎后的树枝碎片比原来的树枝更容易腐烂，树枝碎片铺散在果树根上让其自然腐烂可以当作肥料，还可以抑制杂草丛生，维持田园间的小气候，防止土壤冲刷淋失、保水保肥。

枝条粉碎地面覆盖

果枝废弃物堆肥

（2）**肥料化**。果树枝条经过粉碎后，与微生物制剂、畜禽粪便混配，调整碳氮比、水分等因子进行好氧堆肥，利用微生物生命活动中产生的热、酶对果树枝条、畜禽粪便进行无害化处理，同时对其进行必要的降解，以提高可吸收性，可替代化肥，减少肥料投入，改良土壤，提高果品品质等效果。

（3）基质化。将树枝进行堆腐，其有机质、纤维素等含量较高，可以作为蔬菜或粮食作物、经济作物的栽培基质，以果树枝发酵物，配合当地的其他农业废弃物（玉米秸秆、醋渣、菇渣等）代替传统基质，不仅可大幅降低生产成本（50%～80%），而且可连续使用3～5年，兼具经济、环保优势。以果树枝类为材料的基质容易获取，原料相对单一，品质稳定，分解慢，可重复利用，栽培管理的可控制性更强。

草莓废弃物基质育苗

3. 功能与效果

将废弃的枝条资源化利用，减少环境污染，增加农民收入，实现绿色生态环保与经济效益的双赢。

4. 适用条件或范围

适用于每年有大量修剪果树枝条的果园。

5. 实施案例

该项技术已经在北京平谷刘家店、南独乐河开展技术示范与推广，是平谷“生态桥”项目的重要技术支持。

6. 联系人

孙焱鑫。

第五章 其他技术

一、坡耕地氮、磷流失生态阻控技术

1. 技术简介

北方地区夏季集中降雨条件下坡耕地氮、磷流失是面源污染源的主要途径，而现有面源污染防控技术经济和社会效益不明显，在农业生产实践中复制推广受到极大限制。针对上述问题，基于生态位、降雨等自然资源和养分资源充分利用原理，依据发达根系具有较好的水土、氮、磷固持效果，以及较好的经济价值、景观美化作用原则，构建坡耕地氮、磷流失阻控优化植物配置模式，建设示范工程，实现生态环境效益和社会经济效益兼顾的目标。

2. 技术要点

（1）适用植物。黄芩、桔梗、薄荷、菊花、苦参、欧洲菘蓝（板蓝根）、饲用桑、生态草。

（2）适用条件。5° ～ 25° 坡耕地。

（3）种植制度。根据不同的坡度，选择不同的种植制度。

（4）管理制度。基肥一次施用，不追肥，有机肥或缓控释肥精准减量施用技术（使用量根据土壤肥力瘠薄情况增减，有机肥每亩0.5 ～ 1t）；种植初期需要除草，保持土壤湿润状态，水分主要由自然降雨提供。

（5）病虫害防治。以太阳能杀虫灯物理防治为主。杀虫灯安装数量根据小流域地形、地貌复杂情况确定，每亩5 ～ 10台。

3. 功能与效果

技术示范应用可减少肥料氮、磷用量40%以上，杜绝了化学农药大量使用现象；可降低坡耕地氮、磷流失负荷60%以上，农药流失负荷70%以上；节本增效600元/亩以上。

4. 适用条件或范围

主要应用于北方地表水源保护区小流域坡耕地以径流流失为主的面源污染阻控。技术应用区坡度不宜大于25°，土壤条件要求不严格，年降雨量不少于300mm，能够满足春夏种植植物对水分的需求。

5. 实施案例

在北京市太师屯镇密云水库水源保护区开展了板栗树下丹参、板蓝根+野牛草间作种植技术模式示范应用，实现肥料用量减施60%，坡耕地氮、磷流失负荷削减50%以上。

板蓝根与果树立体间作种植示范区

饲用桑（丰驰桑）与丹参间作种植示范区

6. 联系人

安志装。

二、基于狐尾藻的水环境污染修复技术

1. 技术简介

采用植物修复的方式，对水、土等环境介质中的氮、磷等物质进行吸收，是面源污染防控的有效技术之一。作为一种沉水植物，狐尾藻具有很强的生长能力及污染物耐受和吸收、消纳能力。基于狐尾藻的水环境污染修复技术可实现环境介质中污染物的快速去除和吸收消纳。

狐尾藻

2. 技术要点

（1）**种植方式**。可采用移种的方式种植。种苗广泛分布于中国的华北、华南等地区，可将种苗用叉子种植法等直接置于欲修复的环境介质中。

（2）**维护管理**。狐尾藻对光照和温度较为敏感，不宜种植于光照过强或过弱区域；北方须注意冬季种质资源保存的问题，狐尾藻生长环境温度不宜低于10℃。

（3）**植物修复**。将受污染的环境介质（水、土等）导入基于狐尾藻的植物修复系统，经过狐尾藻及附着生物膜的吸收、消纳、氧化、降解等过程，可使污染物负荷大幅降低，达到环境介质修复的目的。主要技术流程如下图所示。

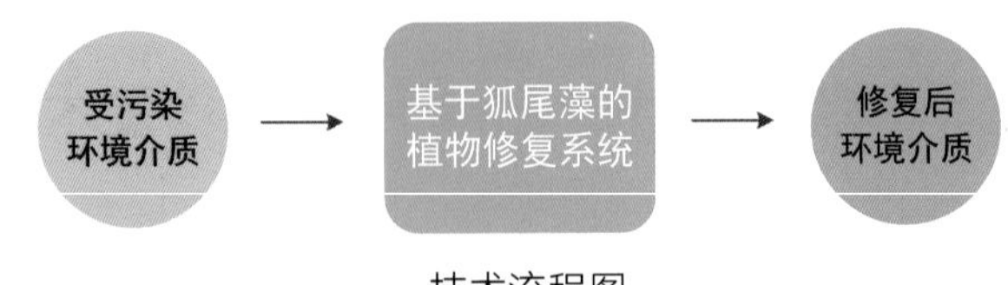

技术流程图

3. 功能与效果

（1）采用基于狐尾藻的水环境污染修复技术，可使受污染水体环境介质中的氮、磷等营养物质污染物浓度大幅降低。

（2）基于狐尾藻的水环境污染修复技术对水中的抗生素、重金属等污染物亦有很好的吸附、生物降解等去除效果。

4. 适用条件或范围

适用于受污染的环境介质，主要包括天然水体（氮、磷）和畜禽生化尾水（有机物、氮、磷、抗生素、重金属等）。

5. 实施案例

（1）天然水体修复。2016年，将基于狐尾藻的水环境污染修复技术用于天然湿地水体的修复，经过3个月的处理，湿地水质由GB 3838—2002《地表水环境质量标准》中Ⅴ类改善至Ⅲ～Ⅱ类标准限值。

（2）畜禽生化尾水中抗生素的去除。2019年，将基于狐尾藻的水环境污染修复技术用于畜禽生化尾水的修复，水中有机物、氮、磷等物质去除率达到90%以上，抗生素、重金属等有毒有害污染物也得到无害化处理。

天然水体修复实例

6. 联系人

郭旋。

畜禽生化尾水修复实例

三、沿湖缓冲带农业面源污染控制技术

1. 技术简介

以湖库为中心，最高水位线外延5km及主要河流入库口上溯10km，沿河道两侧外延2km为沿湖区域。该区域是水体入河、湖（库）必经之地，也因地表水源最易于利用而成为人类活动最为密集的区域，是水体污染物的发生和削减最为重要的关键带。农业面源污染是我国境内湖泊、河流、近海域水体污染物的主要来源之一。该技术可按照湖区类型因地制宜地设计污染控制方案，对症下药，对湖区（或库区）农业面源污染防控与综合治理、水环境污染防治具有重要意义，也是落实国家环境保护基本国策、保证国家生态安全的重要体现。

2. 技术要点

（1）收集沿湖（库）区域农业结构、分布、投入品及地形地貌、水文气象等资料，采集沿湖（库）区域土壤样品、湖（库）

水样，分析环境质量状况。

(2) 基于调研和调查数据，利用地理信息系统建立农业面源污染数据库，分析沿湖（库）区域农业面源污染主要因子或来源，确定湖（库）对应主要污染类型：集约化种植业污染类型、种植为主养殖并存的污染类型和集约化养殖种植并存污染类型三种。

(3) 依据湖（库）对应主要污染类型制定分区控制方案，分类开展沿湖农业面源污染防治。

3. 功能与效果

通过数据收集与分析确定区域主要污染因子及来源，实行针对性污染防治，在防控氮磷流失、稳定作物产量的同时可降低农业生产投入，最终达到促进湖库区水质改善和经济发展的目标。

4. 适用条件或范围

适用于自然地理、水文气象、农业经济资料获取方便，且沿湖（库）区域产业结构主要为农业的面源污染防控。

5. 实施案例

对沿密云水库区域开展氮、磷流失模拟与污染防控。密云水库沿湖区地表饮用水质磷指标良好，总磷流失风险处于优质饮用水区和一般饮用水区两个风险水平，均达到地表饮用水标准。总氮流失风险较大，一般饮用水区为地表饮用水标准的Ⅲ级、占总面积的50.4%，风险饮用水区为标准的Ⅳ级和Ⅴ级、占总面积的49.6%；总氮风险区主要分布在石城乡、高岭镇和北庄乡，潮河、小汤河段、牤牛河下游流域，应加强对此区域的氮流失控制。

数据分析表明，密云沿湖区是以集约化种植业为主的水质轻度污染湖库，适宜的农业面源污染防治以防控水土及氮、磷流失技术为核心，集成农田土壤氮、磷优化减量流失控制技术，过程调控氮、磷流失防控技术和化肥精准减量高效利用技术及农业生产管理技术。据此开展了坡耕地食用桑与具经济价值中草药立体间作防控水土、氮、磷流失技术，污染防控型作物结构调控关键技术，减量施肥、缓控释肥施用、优化配方大田化肥减量高效利用技术防治示范。

坡耕地食用桑与具经济价值中草药立体间作防控水土、氮、磷流失技术

污染防控型作物结构调控关键技术

（左图为大葱、茄子间作，右图为茴香、番茄间作）

6. 联系人

赵同科，杜连凤，刘宝存，安志装，李鹏。

四、农村生活污水芦苇人工湿地工程处理技术

1. 技术简介

在一定长宽比和底面坡度的洼地中分层填充不同基质填料，在床体表面种植水生植物芦苇，在填料上层布置入水管道，使污水自上而下沿填料缝隙流动，通过基质填料的吸附与沉淀、芦苇根系吸收及微生物降解等作用去除污水氮、磷、有机污染物及悬浮污染物等，达到净化生活污水、防止污染水体的作用。

2. 技术要点

（1）**防渗漏**。为了防止生活污水在人工湿地处理过程中发生渗漏污染环境问题，在人工湿地填料床体表面需要预先铺设耐腐蚀性能良好的防渗膜，杜绝生活污水出现向侧面和下面的渗漏现象。

（2）**防堵塞**。人工湿地填料床由砾石、细沙和陶粒混合组成，填料之间空隙度大，在床体表面种植抗水性强、生长周期长、美观及具有经济价值的水生植物芦苇，不易发生填料床堵塞问题。填料床表面的布水系统设有反冲洗装置，可以对布水管道进行定期反冲洗，以免管道孔发生堵塞现象。

（3）**定期收割芦苇**。为了人工湿地填料床上芦苇茁壮生长，需要在每年春季返青前将前一年的枯萎芦苇收割掉，为新生芦苇提供良好生长空间。

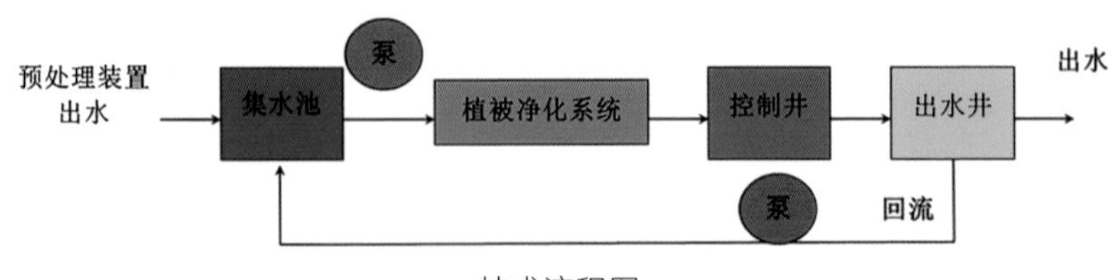

技术流程图

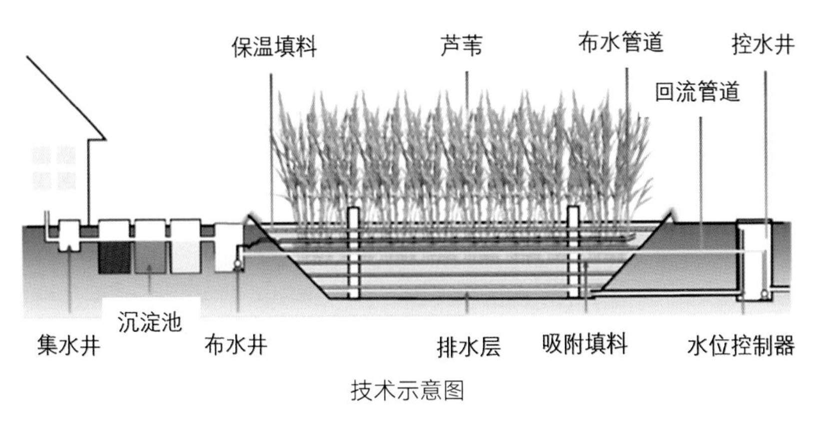

技术示意图

人工湿地景观图片

3.功能与效果

（1）**高效率**。植被净化系统的显著特点之一是其对有机物有较强的降解能力。

（2）**低成本**。据实际运行统计，该植被净化系统在污水处理方面的投资和运行费用仅为传统的二级污水厂的1/10 ～ 1/2。

（3）**低能耗**。植被净化系统基本上不耗能，运行成本低廉。

（4）**采用设备少**。运行管理和维护简单方便。

（5）**处理效果好**。因植物池内填料的不同，处理后出水质量达到GB 8978—1999《污水综合排放标准》一级标准。

4. 适用条件或范围

生活污水芦苇湿地工程规模可大可小，根据污水处理量的多少具体确定，处理能力范围在10 ~ 150t/d，在我国南北方农村地区均可应用。

5. 实施案例

上磨村是北京市延庆区民俗旅游村，上磨村为妫河源头第一村，有158户人家、456人，生活用水中盥洗室排水是污水的重要组成部分，日均产水量约为45t/d。2009年6月，在上磨村修建了垂直潜流芦苇床人工湿地生活污水处理工程，占地面积约900m^2，生活污水设计处理量为60t/d，出水按照国家污水综合排放一级标准执行。

该湿地工程配套有中水池、控制井、出水井等相应设施。各户居民排出废水经排水管网收集后进入总排水管道，经总排水管进入中水池，中水池水力停留时间为3d左右。中水池削减了早、中、晚时段的进水高峰，同时较长的水力停留保证了居民低用水时段湿地的连续进水，中水池在此起到调节池的作用。同时，中水池还能通过池内微生物新陈代谢对废水起到预处理作用，利于增强垂直流湿地对废水的深度净化。

经湿地处理后出水进入控制井，控制井可以根据实际出水水质及水量大小调节湿地系统水位高低。流经控制井后，进入出水井出水，一部分出水排入河流，一部分出水可根据需要回流至中水池。10余年的监测结果表明，该示范工程出水质量总体可达到GB18918—2002《城镇污水处理厂污染物排放标准》的一级。

6. 联系人

张成军。

五、农田土壤养分速测箱技术

1. 技术简介

测土配方施肥技术的推广应用，是提高肥料利用率和减少化肥用量的重要途径。然而，在生产实践中，施肥仍然主要依靠经验。测土施肥、平衡施肥等行之有效的施肥技术在大多数地区仍然停留在试验基地或示范点的水平。

出现这一现象的主要原因是测定方法不完善。土壤养分含量通常采用实验室常规测定方法，虽然数据准确，但是需要使用专业的分析仪器，测定时间较长、测定费用相对较高，且需要专业人员进行仪器操作和维护实验室的正常运行，从而制约了测土配方施肥技术的推广。因此，如何实现土壤养分的快速测定已成为推广测土施肥技术的关键。

针对目前土壤养分速测技术与方法中成本高、效率低等问题，该技术对速测方法进行了改进，改进后的试粉或试剂均可长久保存，显色时间短（5min）、反应溶液稳定时间长（2h）、精确度高且操作简便。与常规技术相比，该技术在室内及田间的测试结果均有较好的相关性。

2. 技术要点

（1）试剂保存。测试试剂需要常温避光保存，可保存半年。

（2）取土测试。土壤根据测定指标，进行前处理、称重、浸提过滤等操作。

（3）测试方法。硝态氮浓度的测试所用试剂分还原、显色试粉两部分，先后向土壤滤液中加入硝酸试粉，振荡，静置显色。试剂为固体，有用量少、反应迅速的特点。有效磷、速效钾测试方法为两种液体体系，亦分别加入土壤过滤液中，通过颜色对比或比照标准溶液可获取结果。

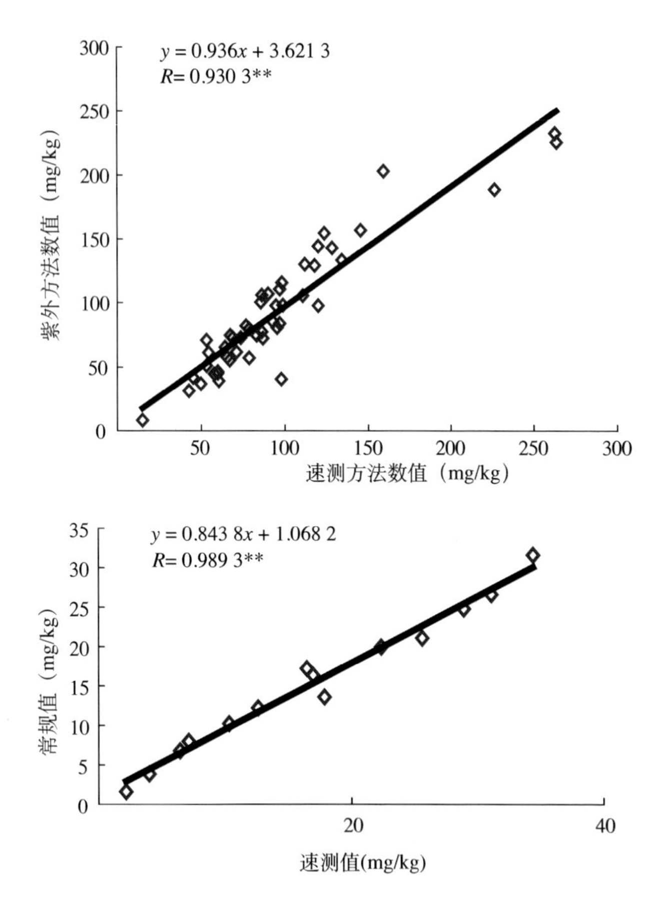

速测方法与常规方法对比（速测值与实验室测定的拟合度）

3. 功能与效果

该方法可以快速测定土壤中的有机质、硝态氮、有效磷和速效钾的含量及酸碱度和盐分。操作步骤简便、药品用量少。每个土壤样品可在15min内完成测定，每个指标的测定试剂成本不足1元。

速测方法与试剂的优化

- 试剂保存时间
- 试剂用量
- 反应显色时间
- 显色稳定时间

保存3个月，用量0.1g，显色5 ～ 10min，稳定时间2h

速测方法优点（红色系列表征硝态氮显色梯度，蓝色表征有效磷显色梯度）

4. 适用条件或范围

该技术适用于北方土壤有机质、硝态氮、有效磷和速效钾的含量及酸碱度和盐分等指标的测试。

5. 应用案例

该技术已在北京农资连锁服务网络和各区的基地广泛应用，覆盖京郊80%的农业种植区域、90%的农资产品的销售市场，满足北京市农业80%以上测试需求。

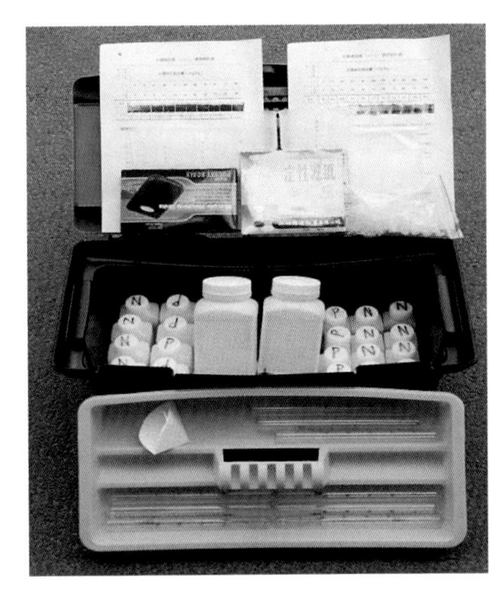

速测箱全貌

6. 联系人

孙焱鑫。

六、京津冀农田土壤推荐施肥App

1. 技术简介

我国现在的化肥平均利用率仅为30%～40%，生产中粗放型施肥的情况较为普遍，施肥量偏大、养分比例不合理等诸多问题不仅制约了作物产量提高，且引起的资源与环境问题也日渐突出。如何推荐合理施肥用量，提高肥料利用率、减少环境污染，以保障作物高产高效、生态安全是一个具有挑战性的问题，其中简单易行的作物施肥策略成为当前的迫切需求。该技术基于安卓系统制作了推荐施肥的软件系统，利用科学施肥推荐模型，根据土壤养分状况、作物需肥情况等，计算出合理的肥料推荐量及不同生育（施肥）时期的合理分配量，为农民科学施肥提供依据。

2. 功能与效果

（1）便于用户根据需求选择推荐方案。系统根据不同作物类型，分为多个类型库，并在每个类型库中根据不同指标或数据，给予不同的推荐指导方案。避免对某个参数未知（如某个地块具体养分指标或利用率等参数），造成整个软件无法进行推荐的现象，大大方便了农民的应用。

（2）该App具有友好的人机输入界面、方便快捷的计算，由于采用数据库划分方法，可以方便快捷进行添加、修改，并可以同PC版进行通信，可批量导入导出和运算等，增加了软件通用性和可靠性。

3. 适用条件或范围

适用于京津冀地区常见作物。

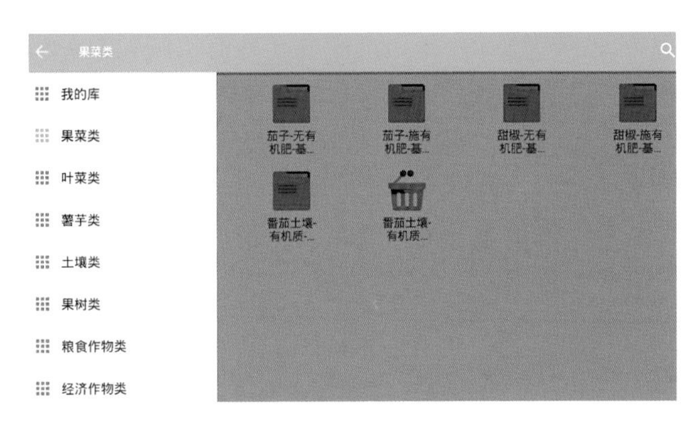

推荐施肥App界面

肥力等级

低肥力（目标亩产量2 500 ~ 3 500kg）

有机肥

农家肥每亩3 500 ~ 4 000kg，或商品有机肥每亩450~500kg

推荐纯氮量

纯氮每亩2.3 ~ 2.76kg，折算尿素5 ~ 6kg，或硫酸铵12 ~ 14kg，或碳酸氢铵14 ~ 16kg

推荐五氧化二磷量

五氧化二磷每亩7.82 ~ 10.12kg，折算磷酸二铵17 ~ 22kg

推荐氧化钾量

氧化钾每亩2.16kg，折算硫酸钾4kg，或氯化钾3kg

推荐施肥示例

4. 联系人

孙焱鑫。

七、氮素释放预测技术

1. 技术简介

控释肥料养分释放周期一般与作物的生长期一致，在漫长的生长期内不同的温度、降雨、灌溉等条件会影响控释肥料的养分释放速率，不掌握其养分释放速率就会影响施肥效率，造成损失加剧。本项技术突破了水分限制因素的影响，解决了以温度作为唯一变量进而预测控释肥料养分释放速率的技术难点，阐释了土壤温度和氮素释放速率的函数关系，对指导我国不同积温带控释肥料的高效施用具有重要的支撑意义。

2. 技术要点

（1）作物生长期间土壤含水量60%以上。

（2）针对理论上不同释放类型、释放期的控释肥料，选择不同的预测模型。养分释放类型为抛物线型的，选择L形预测模型；养分释放类型为S型的，选择S形预测模型。

（3）将控释肥料施入后的某一时间段内的土壤温度输入相应的预测模型中，可瞬时算出当地条件下控释肥料在某一时间点或某一时间段内的养分释放速率。

3. 功能与效果

（1）利用控释肥料氮素释放预测模型，能够准确预测出控释肥料在田间的瞬时释放率，为进行后期追肥或下一季的施肥提供重要的参考。

（2）这项技术能够把过去需要1季或者1年时间完成的工作缩短在10s之内，精准度达到了95%以上，极大地提高了施肥效率。

（3）目前该理论已经在京津冀等地区应用，指导施肥面积达到1万余亩，比习惯施肥氮素利用率提高5.0 ~ 10.0个百分点，损失降低15.1%以上，省工50%，省时98%。

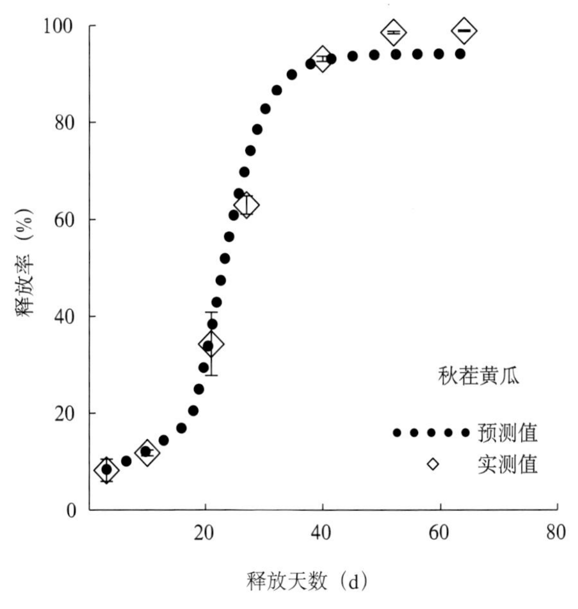

预测与实测值比较

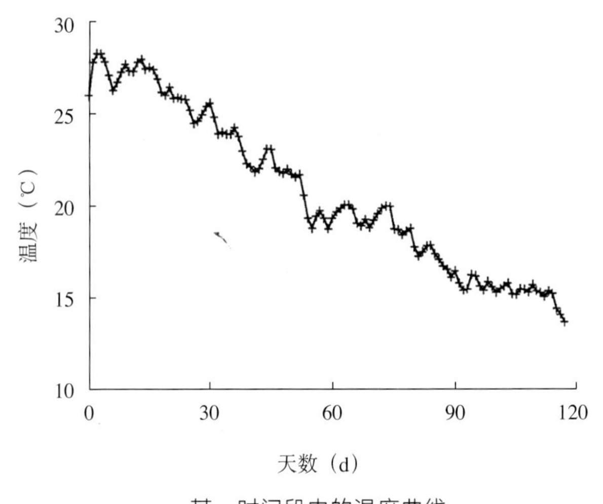

某一时间段内的温度曲线

4. 适用条件或范围

适用于粮食、蔬菜、花卉等需肥作物，设施土壤种植条件或者露地作物生长期间土壤含水量大于60%的土壤条件；滴灌条件下预测效果更佳。

5. 实施案例

2017—2020年，在北京、河北石家庄等地区实施“包膜控释肥料氮素释放预测技术转化应用”项目，在茄果类、根茎类等蔬菜生产上应用包膜控释肥料氮素释放预测技术指导施肥，平均亩增产4.3 ～ 9.2个百分点，降低土壤硝酸盐含量12.0 ～ 18.0个百分点，环境效益显著。

田间条件下预测效果

6. 联系人

肖强。